高等教育机电类专业教材

数控加工实践教程

SHUKONG JIAGONG SHIJIAN JIAOCHENG

明　瑞　卢定军　周　静　主　编
张　鑫　刘季冬　张克昌　副主编
明兴祖　主　审

第二版

U0332929

化学工业出版社
·北京·

内 容 简 介

《数控加工实践教程》第二版从提高学生的实践能力和创新意识出发，主要介绍数控加工的基本知识，数控加工工艺及工装设计，数控车削、数控铣削、加工中心加工、数控电火花成形加工、数控电火花线切割加工等所用数控系统或机床的分类、组成、工装应用、操作及加工实例等内容。

本书可作为高等学校本科和高职机电类专业的实践教材，也可供参加数控加工技术课程实验、实践训练、数控类竞赛的人员及有关工程技术人员参考。

图书在版编目（CIP）数据

数控加工实践教程/明瑞，卢定军，周静主编. —2版. —北京：化学工业出版社，2022.10
高等教育机电类专业教材
ISBN 978-7-122-41970-5

Ⅰ.①数… Ⅱ.①明… ②卢… ③周… Ⅲ.①数控机床-加工-高等学校-教材 Ⅳ.①TG659

中国版本图书馆 CIP 数据核字（2022）第 143866 号

责任编辑：高 钰   文字编辑：蔡晓雅 师明远
责任校对：李雨晴   装帧设计：刘丽华

出版发行：化学工业出版社（北京市东城区青年湖南街 13 号 邮政编码 100011）
印 装：大厂聚鑫印刷有限责任公司
787mm×1092mm 1/16 印张 11¼ 字数 273 千字 2023 年 1 月北京第 2 版第 1 次印刷

购书咨询：010-64518888   售后服务：010-64518899
网 址：http://www.cip.com.cn
凡购买本书，如有缺损质量问题，本社销售中心负责调换。

定 价：38.00 元   版权所有 违者必究

前言

数控加工的广泛使用给机械制造业的生产方式、产品结构、产业结构带来了深刻的变化，是制造业实现自动化、柔性化、集成化生产的基础。从 2004 年 7 月开始，我们组织了国家级精品课程、精品资源共享课"数控加工技术"、省级精品课程"数控技术"建设小组，多次召开会议进行研讨，从教学目标及知识、能力和素质结构要求出发，不断修订《数控加工实践教程》的内容体系、实践教学结构框架和基本要求，以提高读者的数控实践能力和创新意识。

进行数控加工实践教学，首先需熟悉数控加工工艺及工装设计的基本概念、基本原理和内容，掌握合理的数控加工工艺规程编制，熟悉常用工艺装备的设计。本书正是从数控加工实践的实用角度出发，主要介绍数控车削加工、数控铣削加工、加工中心加工、数控电火花成形加工、数控电火花线切割加工等所用系统或机床的分类、组成、工装应用、操作及加工实例等内容，以满足读者提高数控加工综合应用水平的需要。

本书内容丰富，重点突出，强调实践应用；文字简练，图文并茂；重点章节后有加工实例和作业实例，以指导实践教学环节，及时巩固所学内容。

该书由明瑞、卢定军、周静主编，张鑫、刘季冬、张克昌副主编，编写分工为：明瑞、卢定军、周静、熊显文编写了第 1 章、第 2 章、第 6 章，刘季冬、卢定军、李舒林、姚建民、张柱银编写了第 3 章，张鑫、周静、王志标、夏志华、汤迎红编写了第 4 章，张克昌、张鑫、王志标、李舒林、陈书涵编写了第 5 章，明瑞、卢定军、李湾、王海波、周首杰、李文元编写了第 7 章。全书由明兴祖教授主审。

由于编者的水平有限和经验不足，书中疏漏恳请广大读者批评指正。

编　者

2022 年 6 月

目录

第1章 绪论 / 1

1.1 数控加工在机械制造中的地位和作用 ·· 1
1.2 数控加工概述 ··· 2
  1.2.1 数控设备的工作原理与组成 ··· 2
  1.2.2 数控设备的分类 ··· 2
  1.2.3 数控加工及其特点 ·· 3
1.3 数控加工实践的主要内容、基本要求和学习方法 ···························· 4

第2章 数控加工工艺及工装设计 / 6

2.1 工艺过程制订 ··· 6
  2.1.1 基本概念 ··· 6
  2.1.2 制订工艺过程的基本要求与技术依据 ·· 7
  2.1.3 零件图的工艺分析 ·· 8
  2.1.4 毛坯的设计 ··· 8
  2.1.5 工艺路线的制订 ·· 8
  2.1.6 工序设计 ··· 12
2.2 数控加工的工艺设计 ··· 14
  2.2.1 选择并确定零件的数控加工内容 ·· 15
  2.2.2 数控加工的工艺性分析 ··· 15
  2.2.3 数控加工工艺路线设计 ··· 15
  2.2.4 数控加工工序设计 ··· 17
2.3 机械加工工艺规程编制 ·· 19
  2.3.1 机械加工工艺规程的概念和作用 ·· 19
  2.3.2 机械加工工艺规程主要工艺文件编写 ·· 19
2.4 机床夹具设计 ·· 23
  2.4.1 机床夹具的分类和作用 ··· 23
  2.4.2 机床夹具设计内容和步骤 ·· 24
2.5 机械加工工艺及工装设计实例 ·· 28
  2.5.1 落料模的设计示例 ··· 28
  2.5.2 落料模的制造示例 ··· 36
  2.5.3 作业实例 ··· 42

第3章 数控车削加工 / 44

3.1 数控系统与数控车床 ··· 44

3.1.1 数控系统概述 ……………………………………………… 44

3.1.2 数控车床的分类与组成 ………………………………… 44

3.1.3 数控车床工艺装备应用 ………………………………… 45

3.2 华中 HNC-818 数控车削系统与加工 …………………………… 45

3.2.1 华中 HNC-818 数控车削系统 …………………………… 45

3.2.2 配华中 HNC-818 系统的数控车床操作面板及有关操作 …… 50

3.2.3 华中 HNC-818 车削系统编程及加工实例 ……………… 55

3.3 FANUC 0i mate-TB 数控车削系统与加工 ……………………… 59

3.3.1 FANUC 0i mate-TB 数控车削系统 ……………………… 59

3.3.2 配 FANUC 0i mate-TB 系统的数控车床操作面板及有关操作 … 63

3.3.3 配 FANUC 0i mate-TB 系统的数控车削加工实例 ……… 69

3.4 数控车削加工作业实例 ………………………………………… 77

第 4 章 数控铣削加工 / 79

4.1 数控铣床的分类、组成及工装应用 …………………………… 79

4.1.1 数控铣床的分类及组成 ………………………………… 79

4.1.2 数控铣床工艺装备及应用 ……………………………… 80

4.2 华中 HNC-818 数控铣削系统与加工 …………………………… 84

4.2.1 华中 HNC-818 数控铣削系统 …………………………… 84

4.2.2 配华中 HNC-818 系统的数控铣床操作 ………………… 86

4.2.3 配华中 HNC-818 系统的数控铣削加工实例 …………… 89

4.3 FANUC 0i mate-MB 系统下数控铣床操作与加工 …………… 92

4.3.1 FANUC 0i mate-MB 系统下数控铣床操作 ……………… 92

4.3.2 FANUC 0i mate-MB 系统下数控铣削加工实例 ………… 97

4.4 数控铣削加工作业实例 ………………………………………… 99

第 5 章 加工中心加工 / 102

5.1 加工中心的分类、组成及工装应用 …………………………… 102

5.1.1 加工中心的分类与组成 ………………………………… 102

5.1.2 加工中心的工艺装备应用 ……………………………… 103

5.2 华中 HNC-848 数控系统与加工中心操作 …………………… 106

5.2.1 华中 HNC-848 数控系统 ………………………………… 106

5.2.2 配华中 HNC-848 数控系统的加工中心操作 …………… 111

5.3 其他数控系统与加工中心操作 ………………………………… 115

5.3.1 SIEMENS 840D 数控系统 ……………………………… 115

5.3.2 配 SIEMENS 840D 数控系统的加工中心操作 ………… 120

5.3.3 FANUC 0i-MB 数控系统与操作 ………………………… 123

5.4 加工中心加工实例 ……………………………………………… 124

5.4.1 加工实例 ………………………………………………… 124

5.4.2 作业实例 ………………………………………………… 129

第6章　数控电火花成形加工 / 132

6.1 数控电火花成形机床分类与组成 ································· 132
6.2 数控电火花成形加工工艺与操作 ······························ 132
 6.2.1　数控电火花成形加工工艺 ································· 132
 6.2.2　数控电火花成形机床的操作 ······························ 137
6.3 数控电火花成形加工实例 ······································ 144
 6.3.1　加工示例 ·· 144
 6.3.2　作业实例 ·· 146

第7章　数控电火花线切割加工 / 148

7.1 数控电火花线切割加工机床的分类与组成 ············· 148
 7.1.1　数控电火花线切割加工机床的分类 ··············· 148
 7.1.2　数控电火花线切割加工机床的组成 ··············· 148
7.2 数控电火花线切割的加工工艺与工装 ··················· 149
 7.2.1　数控电火花线切割加工工艺 ························· 149
 7.2.2　数控电火花线切割加工工艺装备的应用 ·········· 150
7.3 数控电火花线切割机床的操作 ···························· 152
 7.3.1　数控快走丝线切割机床的操作 ····················· 152
 7.3.2　数控慢走丝线切割机床的操作 ····················· 160
7.4 数控电火花线切割加工实例 ······························ 164
 7.4.1　加工示例 ·· 164
 7.4.2　作业实例 ·· 169

参考文献 / 171

第1章

绪　　论

1.1　数控加工在机械制造中的地位和作用

随着科学技术和社会生产的不断发展，机械制造技术发生了深刻的变化，机械产品的结构越来越合理，其性能、精度和效率日趋提高，因此对加工机械产品的生产设备提出了高性能、高精度和高自动化的要求。

在机械产品中，单件和小批量产品占到 70%～80%。由于这类产品的生产批量小、品种多，一般都采用通用机床加工，其自动化程度不高，难于提高生产效率和保证产品质量。实现这类产品生产的自动化已成为机械制造业中长期未能解决的难题。

为解决大批量生产产品的高产优质问题，一般采用专用机床、组合机床、专用自动化机床以及专用自动化生产线和自动化车间进行生产。但其生产周期长，产品改型不易，因而使新产品的开发周期延长，生产设备使用的柔性很差。

现代机械产品的一些关键零部件，往往都精密复杂，加工批量小，改型频繁，显然不能在专用机床或组合机床上加工。而借助靠模和仿形机床，或者借助划线和样板用手工操作的方法来加工，加工精度和生产效率又受到很大的限制。特别对空间的复杂曲线曲面，在普通机床上根本无法实现。

为了解决单件、小批量生产，特别是复杂型面零件的自动化加工难题，数控加工应运而生。自 1952 年美国 PARSONS 公司与麻省理工学院（MIT）合作研制了第一台三坐标立式数控铣床以来，机械制造业的发展进入了一个新的阶段，之后数控转塔式冲床、数控转塔式钻床、加工中心（Machining Center，MC）等也相继研制成功。随着计算机数控（Computer Numerical Control，CNC）技术、信息技术、网络技术以及系统工程学的发展，在 20 世纪 60 年代以后先后出现了直接数字控制系统（Direct Numerical Control，DNC）、柔性制造系统（Flexible Manufacturing System，FMS）、柔性制造单元（Flexible Manufacturing Cell，FMC）、计算机集成制造系统（Computer Integrated Manufacturing System，CIMS）等。

数控加工是机械制造中的先进加工技术。它的广泛使用给机械制造业的生产方式、产品结构、产业结构带来了深刻的变化，是制造业实现自动化、柔性化、集成化生产的基础，为机械制造行业和国民经济产生了巨大的效益。

1.2 数控加工概述

1.2.1 数控设备的工作原理与组成

(1) 数控设备的工作原理

操作者根据数控工作要求编制数控程序,并将数控程序记录在程序介质(如穿孔纸带、磁带、磁盘等)上。数控程序经数控设备的输入输出接口输入数控设备中,控制系统按数控程序控制该设备执行机构的各种动作或运动轨迹,达到规定的工作结果。图 1.1 是数控设备的一般工作原理。

图 1.1 数控设备的一般工作原理

(2) 数控设备的组成与功能

数控设备的基本结构框图如图 1.2 所示,主要由输入输出装置、计算机数控装置、伺服系统和受控设备四部分组成。

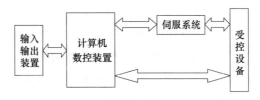

图 1.2 数控设备的基本结构框图

① 输入输出装置。输入输出装置主要用于零件数控程序的编译、存储、打印和显示等。简单的输入输出装置只包括键盘和发光二极管显示器。一般的输入输出装置除了人机对话编程键盘和 CRT(阴极射线管)显示器外,还包括纸带、磁带或磁盘输入机、RS-232 或 DNC通信接口等,高级的输入输出装置还包括自动编程机或 CAD/CAM 系统等。

② 计算机数控装置。计算机数控装置是数控设备的核心。它根据输入的程序和数据,经过数控装置的系统软件或逻辑电路进行编译、运算和逻辑处理后,输出各种信号和指令。

③ 伺服系统。伺服系统由伺服驱动电路和伺服驱动装置组成,并与设备的执行部件和机械传动部件组成数控设备的进给系统。它根据数控装置发来的速度和位移指令,控制执行部件的进给速度、方向和位移。

④ 受控设备。受控设备是被控制的对象,是数控设备的主体,一般都需要对它进行位移、角度和各种开关量的控制。在闭环控制的受控设备上一般都装有位置检测装置,以便将位置和各种状态信号反馈给计算机数控装置。

1.2.2 数控设备的分类

数控设备的种类很多,各行业都有自己的数控设备和分类方法。在机床行业,数控机床通常按以下不同方式进行分类。

(1) 按工艺用途分类

① 金属切削类。指采用车、铣、镗、钻、铰、磨、刨等各种切削工艺的数控机床。它又可分为以下两类。

a. 普通数控机床：一般指在加工工艺过程中的一个工序上实现数字控制的自动化机床，有数控车、铣、钻、镗及磨床等。普通数控机床在自动化程度上还不够完善，刀具的更换与零件的装夹仍需人工来完成。

b. 数控加工中心：指带有刀库和自动换刀装置的数控机床。在加工中心上，可使零件一次装夹后，实现多道工序的集中连续加工。加工中心的类型很多，一般分为立式加工中心、卧式加工中心和车削加工中心等。加工中心由于减少了多次安装造成的定位误差，所以提高了零件各加工面的位置精度，近年来发展迅速。

② 金属成形类。指采用挤、压、冲、拉等成形工艺的数控机床，常用的有数控弯管机、数控压力机、数控冲剪机、数控折弯机、数控旋压机等。

③ 特种加工类。主要有数控电火花线切割机、数控电火花成形机、数控激光与火焰切割机等。

④ 测量、绘图类。主要有数控坐标测量机、数控对刀仪、数控绘图机等。

(2) 按控制运动的方式分类

① 点位控制数控机床。这类数控机床有数控钻床、数控坐标镗床、数控冲床等。

② 点位直线控制数控机床。这类机床有数控车床和数控铣床等。

③ 轮廓控制数控机床。这类机床有数控车床、铣床、磨床和加工中心等。

(3) 按伺服系统的控制方式分类

① 开环数控机床。它没有位置检测元件，其结构较简单、成本较低、调试维修方便，但由于受步进电机的步距精度和传动机构的传动精度的影响，难于实现高精度的位置控制，进给速度也受步进电机工作频率的限制。一般适用于中、小型经济型数控机床。

② 半闭环控制数控机床。它是将位置检测元件安装在驱动电机的端部或传动丝杆端部，间接测量执行部件的实际位置或位移。这类控制可以获得比开环系统更高的精度，调试比较方便，因而得到广泛应用。

③ 闭环控制数控机床。它是将位置检测元件直接安装在机床工作台上。由于它采用了反馈控制，可以清除包括工作台传动链在内的传动误差，因而定位精度高，速度更快。但由于系统复杂，调试和维修较困难，成本高，一般适用于精度要求高的数控机床。

此外，按所用数控系统的档次通常把数控机床分为低档、中档、高档三类数控机床。中档、高档数控机床一般称为全功能数控或标准型数控。

1.2.3 数控加工及其特点

数控加工是指在数控机床上进行自动加工零件的一种工艺方法。数控机床加工零件时，将编制好的零件加工数控程序，输入数控装置中，再由数控装置控制机床主运动的变速、启停、进给运动的方向、速度和位移大小，以及其他诸如刀具选择交换、工件夹紧松开和冷却润滑的启停等动作，使刀具与工件及其他辅助装置严格地按照数控程序规定的顺序、路程和参数进行工作，从而加工出形状、尺寸与精度符合要求的零件。

一般来说，数控加工主要包括以下几方面的内容：

① 选择并确定零件的数控加工内容；

② 对零件图进行数控加工的工艺分析；

③ 设计数控加工的工艺；

④ 编写数控加工程序单（手工编程时，需对零件图形进行数学处理；自动编程时，需进行零件 CAD、刀具路径的产生和后置处理）；

⑤ 按程序单制作程序介质；

⑥ 数控程序的校验与修改；

⑦ 首件试加工与现场问题处理；

⑧ 数控加工工艺技术文件的定型与归档。

与普通加工相比，数控加工具有如下特点：

(1) 适应性强

数控加工是根据零件要求编制的数控程序来控制设备执行机构的各种动作，当数控工作要求改变时，只要改变数控程序软件，而不需改变机械部分和控制部分的硬件，就能适应新的工作要求。因此，生产准备周期短，有利于机械产品的更新换代。

(2) 精度高，质量稳定

数控加工本身的加工精度较高，还可以利用软件进行精度校正和补偿；数控机床加工零件是按数控程序自动进行的，可以避免人为的误差。因此，数控加工可以获得比普通加工更高的加工精度，尤其提高了同批零件生产的一致性，产品质量稳定。

(3) 生产率高

数控设备上可以采用较大的切削用量，有效地节省了运动工时。还有自动换速、自动换刀和其他辅助操作自动化等功能，而且无需工序间的检验与测量，故使辅助时间大为缩短。

(4) 能完成复杂型面的加工

许多复杂曲线和曲面的加工，普通机床无法实现，而数控加工完全可以完成。

(5) 减轻劳动强度，改善劳动条件

因数控加工是自动完成，许多动作不需操作者进行，故劳动条件和劳动强度都大为改善。

(6) 有利于生产管理

采用数控加工，有利于向计算机控制和管理生产方向发展，为实现制造和生产管理自动化创造了条件。

1.3 数控加工实践的主要内容、基本要求和学习方法

数控加工实践是与数控加工技术理论课程并行、并重的实践环节，其内容主要从零件的机械加工工艺规程编制入手，设计其所涉及的数控加工工序及数控程序，运用所需的工艺装备及技术，在数控机床上进行操作，加工出合格的零件。其基本要求如下。

① 综合运用机械加工工艺的基本知识和理论，掌握零件的机械加工工艺规程编制，包括机械加工工艺卡片、机械加工工艺过程卡、工序卡（毛坯工序卡，机械加工工序卡，热处理工序卡及表面处理工序卡，数控加工工序卡，数控加工程序说明卡和数控加工走刀路线图，钳工工序卡，特种检验工序卡，洗涤、防锈、油封工序卡和检验工序卡等）。

② 熟悉数控加工工序的设计，能手工或自动编制出零件的优化数控加工程序。

③ 能对机械加工中所需的工艺装备（刀具、量具、夹具、模具等）进行正确设计或选用、使用与维护。

④ 一般了解所用的数控机床的结构、工作原理和使用范围，熟悉数控车削加工、数控铣削加工、加工中心加工、数控电火花成形加工、数控电火花线切割加工的工艺与操作，能加工出合格的零件。

⑤ 能进行数控加工的综合应用，熟练掌握数控自动编程综合技术，可以进行数控机床的基本维修、调试与检测。

数控加工实践与生产实际联系紧密，只有在实践中不断积累知识和经验，才能深入理解和熟练掌握，真正具备数控加工技术的综合应用能力。该实践需要通过认识实习、课内实验、数控实训或实习、课程设计或综合能力训练、课后练习，以及毕业设计等多种实践教学环节来完成，从简单到复杂、从单一到综合的循序渐进，每一个环节都是重要和不可缺少的，学习时应予以注意。

第2章
数控加工工艺及工装设计

2.1 工艺过程制订

2.1.1 基本概念

(1) 生产过程与工艺过程

生产过程是将原材料或半成品转变为成品所进行的全部过程。一般包括毛坯制造、零件加工、零件装配、部件或产品试验检测等阶段。

在生产过程中，工艺过程占有重要的地位。工艺过程是与改变原材料或半成品成为成品直接有关的过程，包括锻压、铸造、冲压、焊接、机械加工、热处理、表面处理、装配和试车等。

(2) 机械加工工艺过程

机械加工工艺过程是工艺过程的一部分，在工艺过程中占有重要的地位。机械加工工艺过程是指用机械加工的方法逐步改变毛坯的状态（形状、尺寸和表面质量），使之成为合格的零件所进行的全部过程。

机械加工工艺过程是由一系列顺序排列的工序组成的。工序是指在一个工作地点，对一个或一组工件所连续进行的工作。它是组成工艺过程的基本单元，毛坯依次通过这些工序而成为成品。工序又包括工步、走刀、安装和工位等内容。

① 工步：在被加工表面、切削工具和机床的切削用量均保持不变的情况下所进行的工作。一个工序可包括一个工步，也可以包括几个工步。

② 走刀：在一个工步中，切削工具从被加工表面上每切除一层金属所进行的工作。一个工步可包括一次或几次走刀。

③ 安装：工件在加工前，使工件在机床上占有正确的位置，然后使之夹紧的过程称为安装。在一个工序中，可能需要一次安装，也可能需要多次安装。多次安装常常会降低加工质量，还增加安装工件的辅助时间。

④ 工位：为了减少工件的安装次数，常采用各种回转工作台、回转夹具或移位夹具等在一次安装后改变工件的加工位置，这种使工件在机床上占有的每个加工位置称为工位。

2.1.2 制订工艺过程的基本要求与技术依据

(1) 制订工艺过程的基本要求

制订零件的机械加工工艺过程可以有不同的方案，但合理的工艺过程应满足以下基本的技术和经济要求：

① 保证质量，即保证产品符合设计图纸和技术条件所规定的要求；

② 保证高的生产率和改善劳动条件；

③ 保证合理的经济性与安全性。

(2) 制订工艺过程的技术依据

零件的机械加工工艺过程取决于零件的要求、毛坯的性质、生产纲领与生产类型、现场的生产条件等因素，具体有以下技术依据。

1) 零件图及其技术要求

零件图及其技术要求是制造零件的主要技术依据。在零件图上一般包括以下内容。

① 构形：有必要的视图、剖视、剖面图以及确定构形大小的尺寸等。

② 技术要求：有关尺寸、形状所允许的偏差、表面粗糙度以及某些特殊的技术要求（平衡、音频和重量等）。

③ 材料：有关材料牌号、热处理及硬度、材料的无损探伤等。

在制订工艺过程时，应首先对零件图及其技术要求进行详细的工艺分析，以便为满足加工要求和保证质量采取相应的措施。

2) 毛坯的性质

毛坯的性质通过毛坯图设计来体现，而毛坯图是根据零件图而设计的。对于力学性能要求高、构形复杂的零件，其大部分毛坯采用锻件、铸件或钣材制造，而对于一些标准件或强度要求不高的零件，可选用型材做毛坯。

为减少加工时的劳动量和提高优质材料的利用率，以及保证零件内部的质量，常采用较先进的方法来制造毛坯，如空心锻造、小余量或无余量毛坯的辗压等。

3) 生产纲领与生产类型

产品或零件的生产纲领是指备品和废品在内的年产量。根据生产纲领的大小和产品品种的多少，机械制造业的生产类型可分为三种类型：单件生产、成批生产和大量生产。

① 单件生产：这种生产类型的特点是产品的品种多、产量小（一件或几十件），而且不再重复或不定期重复。因此这种类型的生产常采用数控设备或通用的设备及工具。

② 成批生产：这种生产类型的特点是产品分批地进行生产，按一定时期交替地重复。它可采用数控设备、通用设备及部分专用设备，并广泛采用专用夹具和工具。按投入生产的批量的大小，成批生产可分为小批生产、中批生产、大批生产三种。小批生产的工艺过程特点与单件生产的相似，大批生产的工艺过程特点与大量生产的相似，中批生产的工艺过程特点则介于小批生产和大批生产两者之间。

③ 大量生产：这种生产类型的特点是产品的产量大、品种少，大多数工作是长期重复地进行某一零件的某一工序的加工。这种生产类型常采用专用设备及工艺装备，并广泛采用生产率高的专用机床、组合机床、自动化机床和自动线。

生产类型的划分，主要取决于生产纲领的大小及产品的复杂程度，可查阅有关手册。生产类型不同，制订工艺过程的详细程度也不同。在单件生产时，一般只制订工艺路线，如机械加工工艺卡片；在成批和大量生产中，则需要详细制订工艺过程，如机械加工工艺过程卡、工序卡等。

4）现场的生产条件

工艺过程的制订，须在现有工厂的条件下，或者是在新设计的工厂条件下进行。对于前者，主要应从现有的设备和工艺装备出发，来制订较为合理的工艺过程，使现有的设备得到充分的利用；对于后者，则可以根据需要并考虑当前可能的条件来选择设备，因而可采用较为先进的设备。此外，要注意新技术、新工艺的应用。

2.1.3　零件图的工艺分析

零件图是工艺设计的原始资料和基本依据，工艺过程的设计必须能保证零件图上的全部要求。

进行零件图的工艺分析时，要仔细地熟悉零件的构造及其技术要求，了解零件的工作条件、各部分的作用，具体要求是：

① 了解零件的功用、工作条件、各部分各表面的作用、零件构造特点及主要的技术要求（包括尺寸，公差，表面质量及技术条件等）；

② 对零件进行工艺分析，确定主要表面，了解主要表面的保证方法及检查方法；

③ 初步定出主要表面的加工方法和零件的加工顺序；

④ 对零件进行结构工艺分析，从工艺观点分析零件结构的合理性，掌握分析的方法。

2.1.4　毛坯的设计

通过毛坯设计，应会正确地选择毛坯，并熟悉毛坯设计的内容和要求。要根据零件的结构、材料、生产规模、机械加工的要求（余量，基准等）决定毛坯的制造方法；对锻造和铸造毛坯需确定其形状、出模角、圆角半径及技术条件。毛坯的尺寸和公差则在详细拟定零件机械加工工艺路线以后，根据各工序加工余量决定总加工余量及毛坯尺寸和公差。

对毛坯图设计的要求如下：

① 绘制毛坯简图。

② 毛坯的分模面、出模角、圆角半径都要表示清楚。最多且相同的出模角、圆角半径可不在图上注明，而在技术条件中注明。毛坯图中尺寸、公差应齐全。

③ 在毛坯图中，用细实线画出零件的大小，不影响零件外形的可不画。

④ 毛坯需切取试片时，应在毛坯图上画出试片的部位及大小。

⑤ 在毛坯外廓尺寸下，用括号标明零件成品的名义尺寸。

⑥ 毛坯为型材时，不另画毛坯图，但在工艺规程毛坯工序卡片中，需画出下料简图。

2.1.5　工艺路线的制订

制订工艺过程时，首先要制订工艺路线，然后详细地进行工序设计，这两个过程是相互联系的，需进行反复和综合的分析。

制订工艺路线是制订工艺过程的总体布局，其任务是确定工序的数量、内容和顺序，需要从以下方面进行考虑。

(1) 加工方法的选择

表面加工方法的选择，首先要保证加工表面的加工精度和表面粗糙度的要求。由于获得同一精度及表面粗糙度的加工方法往往有若干种，实际选择时还要结合零件的结构形状、尺寸大小以及材料和热处理的要求全面考虑。例如对于 IT7 级精度的孔，采用镗削、铰削、拉削和磨削均可达到要求。但箱体上的孔，一般不宜选择拉孔和磨孔，而常选择镗孔或铰孔，孔径大时选镗孔，孔径小时选铰孔。对于一些需经淬火零件，热处理后一般选磨孔，对于有色金属零件，为避免磨削时堵塞砂轮，则应选择高速镗孔。

表面加工方法的选择，除了首先保证质量要求外，还须考虑生产率和经济性的要求。大批大量生产时，应尽量采用高效率的先进工艺方法，如拉削内孔与平面、同时加工几个表面的组合铣削或磨削等。这些方法都能大幅度地提高生产率，取得很大的经济效果。但是在生产批量不大的生产条件下，如盲目采用高效率加工方法及专用设备，则会因设备利用率不高，造成经济上的较大损失。此外，任何一种加工方法，可以获得的加工精度和表面质量均有一个相当大的范围，但只有在一定的精度范围内才是经济的，这种一定范围的加工精度即为该种加工方法的经济精度。选择加工方法时，应根据工件的精度要求选择与经济精度相适应的加工方法。例如对于 IT7 级精度、表面粗糙度 Ra 为 $0.4\mu m$ 的外圆，通过精车削虽也可以达到要求，但在经济上就不及磨削合理。表面加工方法的选择还要考虑现场的实际情况，如设备的精度状况、设备的负荷以及工艺装备和工人技术水平等。各种加工方法的特点、经济加工精度及其表面粗糙度，可查阅有关工艺手册。

在一般的机械制造过程中，金属切削方法仍占主要地位。由于科学技术的日益发展，特殊的结构、难加工材料的使用日益增多，导致特种加工方法的采用更为广泛，如电脉冲、电火花、电解加工、电抛光，以及激光加工、超声加工、化学加工和电子束加工等。

各表面由于精度和表面质量的要求，一般不是只用一种方法、一次加工就能达到要求的。对于主要表面来说，往往需要通过粗加工、半精加工和精加工逐步达到要求，因此应首先选择相应的最终加工方法，然后确定从毛坯到最终成形的加工路线——加工方案。各表面的加工方案可查阅有关手册。在各主要表面的加工方法确定后，还应确定各次要表面的加工方法。

（2）加工阶段的划分

工艺路线按工序性质的不同，一般可划分为以下几个加工阶段。

① 粗加工阶段　其主要任务是切除各加工表面上的大部分加工余量，使毛坯在形状和尺寸上尽量接近成品。因此，在此阶段中应采取措施尽可能提高生产率。

② 半精加工阶段（细加工阶段）　其任务是达到一般的技术要求，包括完成一些次要表面的加工、为主要表面的精加工作好准备（如精加工前必要的精度和加工余量等）。

③ 精加工阶段（光整加工）　其任务是保证各主要表面达到规定的质量要求。在这个阶段，加工余量一般均较小。

当有些零件具有很高的精度和很细的表面粗糙度要求时，尚需增加超精加工阶段，其主要任务是提高尺寸精度和降低表面的粗糙度。

工艺路线划分的主要依据如下。

① 保证加工质量　如果不分阶段地连续进行粗精加工，就无法避免因力和热产生的工件变形所引起的加工误差。而加工过程划分阶段后，粗加工造成的加工误差，可通过半精加工和精加工得到纠正，并逐步提高了零件的加工精度，降低了表面粗糙度，保证了加工质量。

② 合理使用设备　划分阶段后，粗加工可采用功率大、刚度好和精度较低的高效率机

床，以提高生产率；精加工则可采用高精度机床以确保零件的精度要求，这样既充分发挥了设备的各自特点，也做到了设备的合理使用。

③ 便于安排热处理工序，使冷热加工工序配合得更好　例如，一些零件在半精加工后安排淬火，不仅容易满足零件性能要求，而且淬火引起的变形又可通过精加工工序予以消除。

此外，粗、精加工分开后，毛坯的缺陷（如气孔、砂眼和加工余量不足等）在粗加工后即可及早发现，及时决定修补或报废，以免对应报废的零件继续进行精加工而浪费工时和其他制造费用。精加工表面安排在后面，还可保护其不受损伤。

在拟定零件的工艺路线时，一般应遵循划分加工阶段这一原则，但具体运用时要灵活掌握，不能绝对化。例如，对于一些毛坯质量高、加工余量小、加工精度要求较低而刚性又较好的零件，即不必划分加工阶段；对于一些刚性好的重型零件，由于装夹吊运很费工时，往往也可不划分阶段，而在一次安装中完成表面的粗精加工。

需要注意的是，工艺路线的划分阶段，是对零件加工的整个过程来说的，不能从某一表面的加工或某一工序的性质来判断。例如：有些定位基准，在半精加工阶段甚至粗加工阶段就需要加工得很精确；而某些钻小孔的粗加工工序，常常又安排在精加工阶段。

(3) 工序的集中与分散

工序的集中与分散是拟定工艺路线时确定工序数目的两个不同的原则。

1) 工序集中

工序集中是将零件的加工集中在少数工序内完成，而每一工序的加工内容却比较多。它有以下特点：

① 工序数目少、工序内容复杂，因而缩短了工艺路线，简化了生产组织工作；

② 减少了设备数目，从而减少了操作工人和生产面积；

③ 减少了工件安装次数，缩短了辅助时间，因而易于保证同时加工表面的相对位置精度，有利于提高生产率和缩短生产周期；

④ 有利于采用高生产率的专用设备和工艺装备，但相应的生产准备工作和投资都比较大，这些专用设备和工艺装备的操作、调整、维修费时费事，转换新产品比较困难。

2) 工序分散

与工序集中相反，工序分散是将零件的加工集中在尽可能多的工序内完成，而每一工序的加工内容却比较少。它有以下特点：

① 工序数目多，因而设备数量多，生产组织工作复杂，生产面积大；

② 工序内容简单，因而生产准备工作量小，设备和工艺装备简单，操作、调整、维修简单，产品变换容易；

③ 可以采用最合理的切削用量，以减少机动时间。

以上两种原则各有特点，因此在加工过程中均有采用。工序集中与分散程度的确定，一般需要考虑下述因素。

① 生产量的大小　在产量较小时，为简化计划、调度等工作，选取工序集中原则较便于组织生产。当产量很大时，可按分散原则以利于组织流水生产。

② 工件的尺寸和重量　对尺寸和重量大的工件，由于安装和运输困难，一般宜采用集中原则组织生产。

③ 工艺设备的条件　由于工序集中的优点较多，现代自动化生产的发展多倾向工序集

中（如数控机床以及其他专用、特种设备等高生产率的设备）。

（4）工序顺序的安排

1）机械加工工序的安排

在安排机械加工工序顺序时，应注意以下几点。

① 根据零件的功用和技术要求，先将零件的主要表面和次要表面区分开，然后着重考虑主要表面的加工顺序，次要表面加工可适当穿插在主要表面加工工序之间。

② 当零件需要分阶段进行加工时，先安排各表面的粗加工，中间安排半精加工，最后安排主要表面的精加工和光整加工。由于次要表面精度要求不高，一般在粗、半精加工阶段即可完成，但对于那些同主要表面相对位置关系密切的表面，通常多放于主要表面精加工之后完成。例如，许多零件主要孔周围的紧固螺孔的钻孔和攻螺纹，多在主要孔精加工之后进行。

③ 零件加工多从基准面加工开始，然后以基准面定位加工其他主要表面和次要表面。

④ 为了缩短工件在车间内的运输距离，避免工件的往返流动，加工顺序应考虑车间设备的布置情况，当设备呈机群式布置时，尽可能将同工种的工序相继安排。

2）热处理工序的安排

热处理用于提高材料的力学性能，改善金属的加工性能以及消除内应力。在制订工艺规程时，由工艺人员根据设计和工艺要求全面考虑。按照热处理的目的，可将热处理大致分为预备热处理和最终热处理两大类。

① 预备热处理：其目的是改善加工性能，为消除内应力和最终热处理作好准备。其工序位置多安排在粗加工前后，包括退火、正火、时效和调质等。调质处理能得到组织均匀细致的回火索氏体，有时也作为预备热处理，常安排在粗加工后。

② 最终热处理：其目的主要是提高零件材料的硬度和耐磨性，常安排在精加工前后，包括调质、淬火、渗碳淬火、氰化和氮化等。调质应安排在精加工前进行；变形较大的热处理如渗碳淬火应安排在精加工磨削前进行，以便在精加工磨削时纠正热处理的变形；变形较小的热处理（如氮化）等，应安排在精加工后；表面装饰性镀层和发蓝处理，一般都安排在机械加工完毕后进行。

3）辅助工序的安排

辅助工序的种类较多，包括去毛刺、倒棱、清洗、防锈、去磁、平衡和检验等。辅助工序也是必要的工序，若安排不当或遗漏，将会影响产品质量，甚至使机器不能使用。如未去净的毛刺将影响装夹、测量和装配精度以及工人安全；润滑油中未去净的切屑将影响机器的使用质量；研磨、珩磨后没清洗过的工件会带入残存的砂粒，加剧工件在使用中的磨损；用磁力夹紧的工件没有安排去磁工序，会使带有磁性的工件进入装配线，影响装配质量。

检验工序更是必不可少的工序。它对保证质量，防止产生废品起到重要作用。除了工序中自检外，还需要在下列场合单独安排检验工序：

① 粗加工阶段结束后，精加工之前；

② 送往外车间加工的前后，如热处理工序前后；

③ 重要工序前后；

④ 零件全部加工工序完成后。

有些特殊的检验，如探伤等检查工件内部质量时，一般都安排在精加工阶段；密封性检验、工件的平衡和重量检验，一般都安排在工艺过程最后进行。

2.1.6 工序设计

工艺路线拟定之后，就要进行工序设计，确定各工序的具体内容。

(1) 基准的选择

1) 基准及其分类

机械零件表面间的相对位置包括两方面的要求：表面间的距离尺寸精度和相对位置精度（如同轴度、平行度、垂直度和圆跳动等）。基准就是指零件上用以确定其他点、线、面的位置所依据的点、线、面。

根据基准功用的不同，基准分为设计基准和工艺基准两大类。在零件图上用以确定其他点、线、面位置的基准称为设计基准。零件在加工和装配过程中所使用的基准称为工艺基准。工艺基准包括以下基准。

① 工序基准（原始基准）：指在工序图上用来确定本工序所加工表面位置的基准。

② 定位基准：指在加工中用作定位的基准。用夹具装夹时，定位基准就是工件上直接与夹具的定位元件相接触的点、线、面。

③ 测量基准：指测量时所用的基准。

④ 装配基准：指装配时用来确定零件或部件在产品中的相对位置所采用的基准。

下面主要就工序基准和定位基准的选择，作一些说明。

2) 工序基准的选择

工序基准的选择包括最终工序基准和中间工序基准的选择。

最终工序基准的选择原则是：

① 工序基准和设计基准重合，以避免尺寸换算和压缩公差；

② 便于作测量基准，以使测量方便和测具简单；

③ 在最终工序基准参与多尺寸保证时，应直接保证公差值最小的设计尺寸。

中间工序基准的选择原则是：

① 当工序尺寸参与间接保证零件的设计尺寸时，要使有关尺寸链的环数少；

② 要使精加工余量的变化量小。

3) 定位基准的选择

在起始工序中，只能选择未经加工的毛坯表面作定位基准，这种基准称为粗基准。用加工过的表面作定位基准，则称为精基准。在确定定位基准的选择顺序时，应从精基准到粗基准。

精基准的选择原则如下。

① 基准重合原则：是指采用设计基准作为定位基准。为避免基准不重合而引起的基准不重合误差，保证加工精度应遵循基准重合原则。

② 基准统一原则：当工件以某一组精基准定位，可以比较方便地加工其他各表面时，应尽可能在多数工序中采用此同一组精基准定位，这就称为基准统一原则。

③ 自为基准原则：当某些精加工要求加工余量小而均匀时，选择加工表面本身作为定位基准称为自为基准原则。遵循自为基准原则时，不能提高加工面的位置精度，只是提高加工面本身的精度。

④ 互为基准原则：为了使加工面间有较高的位置精度，又为了使其加工余量小而均匀，可采取反复加工、互为基准的原则。

⑤ 保证工件定位准确，夹具夹紧可靠、结构简单、操作方便的原则。

粗基准的选择要求应能保证加工面与不加工面之间的位置要求和合理分配各加工面的余量，同时要为后续工序提供精基准。具体可按下列原则选择。

① 为了保证加工面与非加工面之间的位置要求，应选非加工面为粗基准。

② 对于具有较多加工表面的工件，粗基准的选择应合理分配各加工表面的加工余量。在分配加工余量时，应保证各加工表面都有足够的加工余量；对于某些重要的表面（如导轨面和重要的内孔等），应尽可能使其加工余量均匀，对导轨面要求加工余量尽可能小一些，以便能获得硬度和耐磨性更好的表面；使工件上各加工表面总的金属切除量最小。

③ 作为粗基准的表面，应尽量平整，没有浇口、冒口或飞边等其他表面缺陷，以便使工件定位可靠，夹紧方便。

④ 由于毛坯表面比较粗糙且精度较低，一般情况下同一尺寸方向上的粗基准表面只能使用一次。否则，因重复使用所产生的定位误差，会引起相应加工表面间出现较大的位置误差。

(2) 加工余量的确定

1) 工序（工步）加工余量与总加工余量

加工余量是指加工过程中从加工表面切去的金属层厚度。加工余量可分为工序（工步）加工余量和总加工余量。

工序（工步）加工余量是指某一表面在一道工序（工步）中所切除的金属层厚度，它取决于同一表面相邻工序（工步）前后工序（工步）尺寸之差。

总加工余量是指零件从毛坯变为成品的整个加工过程中某一表面所切除金属层的总厚度，即零件上同一表面毛坯尺寸与零件尺寸之差。总加工余量等于各工序加工余量之和。

2) 影响加工余量大小的因素

加工余量的大小对于零件的加工质量和生产率均有较大的影响。加工余量过大，不仅增加机械加工的劳动量，降低了生产率，而且增加材料、工具和电力的消耗，提高加工成本。但是加工余量过小，又不能保证消除前工序的各种误差和表面缺陷，甚至产生废品。因此，应当合理地确定加工余量。影响工序加工余量的因素可归纳为以下几项：

① 前工序的表面质量（表面粗糙度 Ra 与变形层深度 T_a）；

② 前工序的工序尺寸公差（δ_a）；

③ 前工序的位置误差（ε_a）；

④ 本工序工件的安装误差（ε_b）。

本工序加工余量（Z_b）的组成可用下式表示：

对于对称加工面：　　　　$2Z_b \geqslant \delta_a + 2(Ra + T_a) + 2|\varepsilon_a + \varepsilon_b|$　　　　(2.1)

对于非对称加工面：　　　　$Z_b \geqslant \delta_a + (Ra + T_a) + |\varepsilon_a + \varepsilon_b|$　　　　(2.2)

上述公式有助于分析余量的大小。在具体使用时，应结合加工方法本身的特点、热处理变形等其他因素进行分析。确定加工余量的方法有查表法、经验估计法、分析计算法等，由于影响因素多，目前尚难以用分析计算法来确定加工余量的大小。在实际中，总加工余量的大小与所选择的毛坯制造精度有关，工序（工步）加工余量一般用查表法或经验估计法（单件小批生产）确定，粗加工工序余量由总加工余量减去其他各工序余量而得。

(3) 工序尺寸及其公差的确定

工序尺寸及其公差是本工序应保证的加工尺寸要求。在确定时有以下几种情况。

1) 基准重合时工序尺寸及其公差的确定

基准重合是指工序基准或定位基准与设计基准重合。表面需经多次加工时，各工序的加工尺寸及公差的计算顺序为：采取由后向前逐个工序推算的办法，最终工序尺寸及公差一般取自零件图上规定的值，其他工序尺寸为该工序的后一道工序尺寸加（外表面）或减（内表面）后一道工序的加工余量，工序尺寸的公差取该工序加工方法的经济加工精度，并按"入体原则"确定其上、下偏差。

2) 基准不重合时工序尺寸及其公差的确定

工序基准或定位基准与设计基准不重合时，工序尺寸及其公差需通过工艺尺寸链或尺寸图表法进行分析计算。具体内容请参阅有关参考书。

(4) 设备、工艺装备的选择

1) 设备的选择

选择设备时应考虑以下方面。

① 机床精度与工件精度相适应。

② 机床规格与工件的外形尺寸、工序的性质相适应。另外，机床的切削用量范围应和工件要求的合理切削用量相适应。

③ 所选设备与现有加工条件相适应，如设备负荷的平衡状况等。如果没有现成设备供选用，经过方案的技术经济分析后，也可提出专用设备的设计任务书或改装旧设备。有时在试制新产品及小批生产时，较多地选用数控机床或加工中心机床等设备，以减少工艺装备的设计与制造，从而大大缩短生产周期和提高经济性。

2) 工艺装备的选择

工艺装备（简称工装）应根据生产类型、具体加工条件、工件结构特点和技术要求等进行合理选择。

① 夹具的选择。单件小批生产应首先采用各种通用夹具和机床附件，如卡盘、机床用平口台虎钳、分度头等。有组合夹具站的，可采用组合夹具。对于中、大批和大量生产，为提高劳动生产率而采用专用高效夹具。中、小批生产应用成组技术时，可采用可调和成组夹具。

② 刀具的选择。一般优先采用标准刀具，必要时也可采用各种高效的专用刀具、复合刀具、多刃刀具等。刀具的类型、规格和精度等级应符合加工要求。

③ 量具的选择。单件小批生产应广泛采用通用量具，如游标卡尺、百分表和千分尺等。大批大量生产应采用极限量块和高效的专用检验量具或量仪等，其精度须与加工精度相适应。

2.2 数控加工的工艺设计

工艺设计是对工件进行数控加工的前期工艺准备工作，它必须在程序编制工作以前完成。数控加工的工艺设计内容主要包括选择并确定零件的数控加工内容、数控加工的工艺性分析、数控加工工艺路线设计、数控加工工序设计、数控加工专用技术文件的编写等。

数控加工工艺设计的原则和内容在许多方面与普通机床加工工艺基本相似，下面主要针对数控加工的不同点进行简要说明。

2.2.1　选择并确定零件的数控加工内容

当选择并决定对某个零件进行数控加工后，还必须选择零件数控加工的内容，以决定零件的哪些表面需要进行数控加工。一般可按下列顺序考虑：

① 普通机床无法加工的内容应作为数控加工优先选择的内容；

② 普通机床难加工、质量也难以保证的内容应作为数控加工重点选择的内容；

③ 普通机床加工效率低，手工操作劳动强度大的内容，可在数控机床尚存在富余能力的基础上进行选择。

此外，还要防止把数控机床降为普通机床使用。

2.2.2　数控加工的工艺性分析

(1) 选择合适的对刀点和换刀点

对刀点是数控加工时刀具相对零件运动的起点，又称起刀点，也就是程序运行的起点。对刀点选定后，便确定了机床坐标系和零件坐标系之间的相互位置关系。

刀具在机床上的位置是由刀位点来确定的。不同的刀具，刀位点选择不同。对平头立铣刀、端铣刀类刀具，刀位点为它们的底面中心；对钻头，刀位点为钻尖；对球头铣刀，则为球心；对车刀、镗刀类刀具，刀位点为其刀尖。在对刀时，刀位点应与对刀点一致。

对刀点选择的原则，主要是考虑对刀点在机床上对刀方便、便于观察和检测，编程时便于数学处理和有利于简化编程，对刀点可选在零件或夹具上。为提高零件的加工精度，减少对刀误差，对刀点应尽量选在零件的设计基准或工艺基准上，如以孔定位的零件，应将孔的中心作为对刀点。

对数控车床、镗铣床、加工中心等多刀加工数控机床，在加工过程中需要进行换刀，故编程时应考虑不同工序（工步）之间的换刀位置。为避免换刀时刀具与工件及夹具发生干涉，换刀点应设在工件的外部。

(2) 审查与分析工艺基准的可靠性

数控加工工艺特别强调定位加工，尤其是正反两面都采用数控加工的零件，其工艺基准的统一是十分必要的，否则很难保证两次安装加工后两个面上的轮廓位置及尺寸协调。如果零件上没有合适的基准，可考虑在零件上增加工艺凸台或工艺孔，在加工完成后再将其去除。

(3) 选择合适的零件安装方式

数控机床加工时，应尽量使零件能够一次安装，完成零件所有待加工面的加工。要合理选择定位基准和夹紧方式，以减少误差环节。应尽量采用通用夹具或组合夹具，必要时才设计专用夹具。

2.2.3　数控加工工艺路线设计

与通用机床加工工艺路线设计相比，数控加工工艺路线设计仅是对几道数控加工工序工艺过程的概括，而不是指从毛坯到成品的整个工艺过程。因此，数控加工工艺路线设计要与零件的整个工艺过程相协调，并注意以下问题。

(1) 工序的划分

在划分工序时，要根据数控加工的特点以及零件的结构与工艺性、机床的功能、零件数控加工内容的多少、安装次数及本单位生产组织状况等综合考虑。可以按以一次安装加工作为一道工序，以同一把刀具加工的内容划分工序，以加工部位划分工序，以粗、精加工划分工序等方法进行工序的划分。

(2) 加工顺序的安排

加工顺序的安排应根据零件的结构和毛坯状况，以及定位与夹紧的需要来考虑，重点是保证工件的刚性不被破坏。如先进行内腔加工工序，后进行外形加工工序；在同一次安装中进行的多道工序（工步），应先安排对工件刚性破坏较小的工序（工步）。

(3) 数控加工工序与普通工序的衔接

数控加工工序前后一般都穿插其他普通工序，如衔接得不好，就容易产生矛盾。最好的解决办法是相互建立状态要求，如：要不要留加工余量，留多少；定位面与孔的精度要求及形位公差；对校形工序的技术要求；对毛坯的热处理要求等。这样做的目的是相互能满足要求，且质量目标及技术要求明确，交验验收时有依据。

(4) 数控加工方法的选择

1) 平面孔系零件的加工

这类零件的孔数较多，孔位精度要求较高，宜用点位直线控制的数控钻与镗床加工。在加工时，孔系的定位都用快速运动。在编制加工程序时，应尽可能应用子程序调用的方法来减少程序段的数量，以减小加工程序的长度和提高加工的可靠性。

2) 旋转体类零件的加工

该类零件用数控车床或磨床来加工。由于车削零件毛坯多为棒料或锻坯，加工余量较大且不均匀，故编程中，粗车的加工线路往往是要考虑的主要问题。

3) 平面轮廓零件的加工

这类零件的轮廓多由直线和圆弧组成，一般在两坐标联动的铣床上加工。图 2.1 为铣削平面轮廓实例，若选用的铣刀半径为 R，则点划线为刀具中心的运动轨迹。

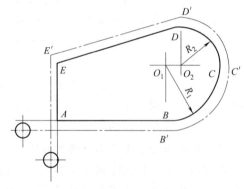

图 2.1　平面轮廓铣削

一般数控系统具有刀具半径补偿功能，可按其零件轮廓编程。为保证加工平滑，应增加切入和切出程序段。由于一般数控系统都只具有直线和圆弧插补功能，所以对于非圆曲线的平面轮廓，都用圆弧和直线去逼近，有关逼近的插补计算方法参阅有关书籍。

4) 立体轮廓表面的加工

它根据曲面形状、机床功能、刀具形状以及零件的精度要求有不同数控加工方法。

① "行切法"加工，也称为 2.5 坐标加工，是指在三坐标控制的数控机床上，以 X、Y、Z 三轴中任意两轴作插补运动，第三轴作周期性进给，刀具采用球头铣刀。如图 2.2 所示，球头铣刀沿 YZ 平面的曲线进行插补加工，当一段加工完后进给 Δx，再加工另一相邻曲线，如此依次用平面曲线来逼近整个曲面。其中 Δx 根据表面粗糙度的要求及刀头的半径选取，球头铣刀的球半径应尽可能选得大一些，以利于改善表面粗糙度，增加刀具刚度和散热性能。但在加工凹面时球头半径必须小于被加工曲面的最小曲率半径。

② 三坐标联动加工。对于一些有空间曲线的零件，需用自动编程系统通过空间直线去逼近，可在有空间直线插补功能的三坐标联动机床上加工。

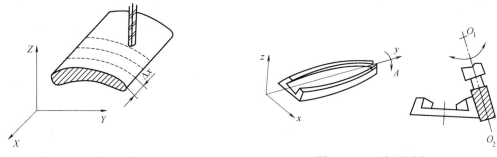

图 2.2　"行切法"加工　　　　　　　　　　图 2.3　四坐标联动加工

③ 四坐标联动加工。如图 2.3 所示的飞机大梁，它的加工表面是直纹扭曲面，若在三坐标联动机床上采用球头铣刀加工，不但生产率低，而且零件的表面粗糙度也很差。因此，可采用圆柱铣刀周边切削方式，在四坐标联动的机床上加工，除了三个移动坐标的联动外，为保证刀具与工件型面在全长上始终贴合，刀具还应绕 O_1 或 O_2 作摆动联动。由于摆动运动，导致直线移动坐标需作附加运动，其附加运动量与摆动中心 O_1 或 O_2 的位置有关，其编程计算比较复杂。

④ 五坐标联动加工。如图 2.4 所示为螺旋桨叶片的形状，半径为 R_i 的圆柱面与叶面的交线 AB 为螺旋线的一部分，螺旋角为 ψ_i，叶片的径向叶型线（轴向剖面）DE 的倾角 α 为后倾角。螺旋线 AB 用极坐标方法以空间折线进行逼近，逼近线段 mn 是由 C 坐标旋转 $\Delta\theta$ 与 z 坐标位移 ΔZ 的合成。当 AB 加工完后，刀具应径向位移一个微小值（改变 R_i），再加工相邻的另一条叶形线，依次逐一加工，即可形成整个叶面。由于叶面的曲率半径较大，所以常用端面铣刀加工，以提高生产率并简化程序。为保证铣刀端面始终与曲面贴合，铣刀还应绕坐标轴 x 和 y 作摆角运动，在摆角的同时还应作直角坐标的附加运动，以保证铣刀端面中心始终位于程序编制值所规定的位置上。这种加工的程序编制一般都采用自动编程的方法来完成。

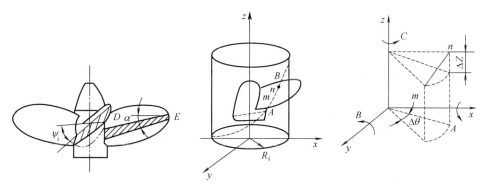

图 2.4　五坐标联动加工

2.2.4　数控加工工序设计

数控加工工序设计的主要内容是进一步把本工序的加工内容、加工用量、工艺装备、定位夹紧方式及刀具运动轨迹都具体确定下来，为编制加工程序作好充分准备。在工序设计时应注意以下方面。

(1) 确定走刀路线和安排工步顺序

零件加工的走刀路线是刀具在整个加工工序中的运动轨迹，它不但包括了工步的内容，也反映出工步顺序。因此，在确定走刀路线时最好画出一张工序简图，可以将已经拟定出的走刀路线画上去（包括切入、切出路线），这样可以方便编程。工步的安排一般可随走刀路线来进行。在确定走刀路线时，主要考虑以下几点。

① 对点位加工的数控机床，如钻、镗床，要考虑尽可能缩短走刀路线，以减少空程时间，提高加工效率。

② 为保证工件轮廓表面加工后的粗糙度要求，最终轮廓应安排最后一次走刀连续加工。

③ 刀具的进退刀路线应尽量避免在轮廓处停刀或垂直切入切出工件，以免留下刀痕。在车削和铣削零件时，应尽量避免如图 2.5（a）所示的径向切入或切出，而应按如图 2.5（b）所示的切向切入或切出，这样加工后的表面粗糙度较好。

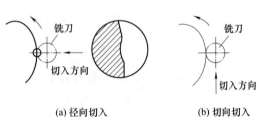

(a) 径向切入　　　　(b) 切向切入

图 2.5　刀具的进刀路线

④ 铣削轮廓的加工路线要合理选择，一般采用图 2.6 所示的三种方式进行。图 2.6（a）为 Z 字形双方向走刀方式，图 2.6（b）为单方向走刀方式，图 2.6（c）为环形走刀方式。在铣削封闭的凹轮廓时，刀具的切入或切出不允许外延，最好选在两面的交界处，否则会产生刀痕。为保证表面质量，最好选择图 2.7 中的（b）和（c）所示的走刀路线。

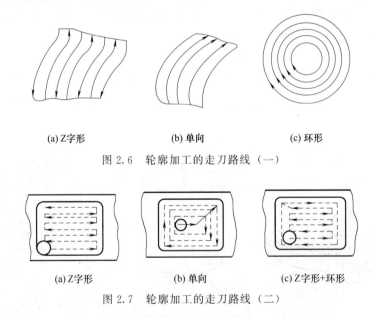

(a) Z字形　　　　　(b) 单向　　　　　(c) 环形

图 2.6　轮廓加工的走刀路线（一）

(a) Z字形　　　　　(b) 单向　　　　(c) Z字形+环形

图 2.7　轮廓加工的走刀路线（二）

⑤ 旋转体类零件在采用数控车或数控磨床加工时，由于车削零件的毛坯多为棒料或锻件，加工余量大且不均匀，因此需合理制定粗加工时的加工路线。

如图 2.8 所示为手柄加工实例，其轮廓由三段圆弧组成，由于加工余量较大而且又不均匀，因此比较合理的方案是先用直线和斜线程序车去图中虚线外的加工余量，再用圆弧程序精加工成形。

图 2.9 所示的零件表面形状复杂，毛坯为棒料，加工时余量不均匀，其粗加工路线应按图中 1～4 矩形依次分段加工，然后再换精车刀一次成形，最后用螺纹车刀粗、精车螺纹。至于粗加工走刀的具体次数，应视每次的切削深度而定。

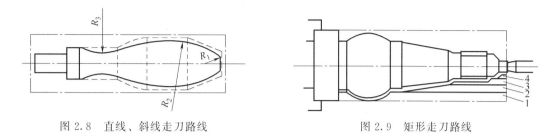

图 2.8　直线、斜线走刀路线　　　　　图 2.9　矩形走刀路线

（2）定位基准和夹紧方式的确定

在确定定位基准和夹紧方式时，应力求设计、工艺与编程计算的基准统一，减少装夹次数，尽量避免采用占机人工调整式方案。

（3）夹具的选择

数控加工对夹具提出了两个基本要求：一是要保证夹具的坐标方向与机床的坐标方向相对固定；二是要能协调零件与机床坐标系的尺寸。此外，当零件加工批量小时，尽量采用组合夹具、可调式夹具以及其他通用夹具，成批生产时才考虑专用夹具；零件装卸要方便可靠。

（4）刀具的选择

数控机床上的刀具选择较严格，有些刀具是专用的。选择刀具应考虑工件材质、加工轮廓类型、机床允许的切削用量以及刚性和刀具耐用度等。编程时，要规定刀具的结构尺寸和调整尺寸。加工凹轮廓时，端铣刀的刀具半径或球头铣刀的球头半径必须小于被加工面的最小曲率半径。对自动换刀的数控机床，在刀具装到机床上以前，要在机外预调装置（如对刀仪）中，根据编程确定的参数，调整到规定的尺寸或测出精确的尺寸。在加工前，将刀具有关尺寸输入数控装置中。

2.3　机械加工工艺规程编制

2.3.1　机械加工工艺规程的概念和作用

机械加工工艺规程是将零件的机械加工工艺过程和操作方法按规定的图表和文字形式书写成的工艺文件。

机械加工工艺规程是指导零件加工的主要技术文件，是生产组织和管理工作的基本依据，是新建或扩建工厂或车间的基本资料。

2.3.2　机械加工工艺规程主要工艺文件编写

将工艺规程的内容填入一定格式的卡片中，用于生产准备、工艺管理和指导工人操作等的各种技术文件称为工艺文件。其种类和形式是多种多样的，应根据产品图样与技术要求、生产纲领、生产条件和国内外同行业的工艺技术状况等来编制。工艺文件的详细程度差异较大，主要根据生产类型而定。在单件或小批生产中，一般只编制简单的工艺规程，采用工艺文件中的机械加工工艺卡片，它是以工序为单位简要说明产品或零、部件的加工（或装配）过程的一种工艺文件，这种卡片格式见表2.1。

表2.1　机械加工工艺卡片

工厂	机械加工工艺卡片	产品名称及型号		零件名称			零件图号			
		材料	名称	毛坯	种类		零件质量/kg	毛重		第　页
			牌号		尺寸			净重		共　页
			性能	每台件数				每批件数		

工序	装夹	工步	工序内容	同时加工零件数	切削用量					设备名称及编号	工艺装备名称及编号			技术等级	工时定额/min	
					切削深度/mm	切削速度/(m/min)	每分钟转数或往复次数	进给量/(mm/r)或双行程/mm			夹具	刀具	量具		单件	准备终结
更改内容																
编制		校对		审核				会签								

在成批生产中多采用详细的工艺规程，规定产品或零、部件的制造工艺过程和操作方法，常见的工艺文件有下列几种。

（1）机械加工工艺过程卡

如表2.2所示，这种卡片主要列出整个零件加工所经过的工艺路线，它是制订其他工艺文件的基础，也是生产技术准备、编制作业计划和组织生产的依据。由于它对各个工序的说明不够具体，故适用于生产管理，是工艺规程的总纲。它装订在工艺规程的最前面，一般在所有工序卡填写完后再编写。表2.2中的"工序号"可逢五进位（0、5、10…）。

表2.2　机械加工工艺过程卡

工厂		机械加工工艺过程卡		零件材料	
		零件名称		零件毛坯	
工序号	工序名称	设备		刀量具		夹具名称
		名称	型号	名称	规格	
更改内容						
编制		校对		审核		会签

(2) 工序卡

工序卡包括毛坯工序卡，机械加工工序卡，热处理工序卡及表面处理工序卡，数控加工工序卡，数控加工程序说明卡和数控加工走刀路线图，钳工工序卡，特种检验工序卡，洗涤、防锈、油封工序卡和检验工序卡等内容，其格式如表2.3所示。

表2.3　工序卡

工厂		工序卡		工序名称	工序号
		零件名称			
设备名称		设备型号		硬度	
零件材料		同时加工零件数			
(毛坯简图)					
(工序简图)					
序号	工序内容		夹具	刀具	量具
编制		校对		审核		会签	

1）毛坯工序卡

它是机械加工车间验收毛坯时用的技术文件，一般作为 0 工序，放在机械加工工序之前。毛坯工序卡具体填法如下：

① 毛坯简图中画出机械加工车间验收时必须检验的外形、尺寸及公差；

② 在简图中毛坯尺寸下方用括号注明成品零件尺寸；

③ 毛坯简图可不按比例绘制，但各部分要大体适当，也可在简图中利用加粗线画出零件外形；

④ 在"工序内容"栏内填写毛坯技术条件，如缺陷、圆角半径、出模角、残留毛边等；

⑤ 对于棒料、板料、型材毛坯，应在毛坯简图位置处画出下料简图，图中标明材料规格尺寸、材料消耗定额。

2）机械加工工序卡

这种卡片是用来具体指导工人在普通机床上加工时进行操作的一种工艺文件，它是根据机械加工工艺过程卡中每道工序制订的。

卡片中部按加工位置绘制工序简图，该图可不按比例绘制，但各部分要大致适当，应清楚表明全部加工内容及要求（包括形状、位置、尺寸、公差、粗糙度等），并以加粗线表示加工表面。定位（支靠）、夹紧表面分别用"▽""↓"等符号表示。工序简图左下角填写冷却润滑液。技术条件可用形位公差符号和框格表示，也可在工序简图右下角用文字注明。

"硬度"指本工序加工时的硬度，"序号"栏即为工步号，按顺序填写 1、2、3…；表面粗糙度有不同要求时，须分别注出；较多相同者，用"其余∇RaX"注于工序简图之右上方。

3）热处理工序卡和表面处理工序卡

这两种工序都不在机械加工车间进行，工序卡片填写时只写明对这些工序的要求，而不填写其工艺过程。

对于热处理或表面处理无特殊要求者，可不画工序简图。如有特殊要求，则应将有特殊要求的表面用"×××××××"或符号标出。对热处理与表面处理工序的要求可书写在工序简图之右下方。如无工序简图，则可写在"工序内容"一栏内。

硬度为热处理后的硬度，有两种硬度要求时，两种都要写上。表面处理主要是钢质零件的氧化，有色金尾的阳极化以及电镀等。

4）数控加工工序卡、数控加工程序说明卡和数控加工走刀路线图

数控加工工序卡与机械加工工序卡有许多相似之处，所不同的是数控加工工序卡上的工序简图应注明编程原点与对刀点，要进行编程简要说明（如所用控制机型号、程序介质、程序编号、镜像加工对称方式、刀具半径补偿等）及切削参数（即程序编入的主轴转速、进给速度等）的选定。

由于操作者对程序的内容不清楚，对编程人员的意图不够理解，经常需要编程人员在现场进行口头解释、说明与指导，这对于程序仅使用几次就不用了的场合是可以的。但是，若程序是用于长期批量生产，或编程人员临时不在现场或调离，弄不好会造成质量事故或临时停产。故对于那些需要长期保存和使用的程序，制订数控加工程序说明卡就显得特别重要。数控加工程序说明卡的主要内容包括：所用数控设备的型号及控制机型号；对刀点及允许的对刀误差；工件相对于机床的坐标方向及位置（用简图表达）；镜像加工使用的对称轴；所用刀具的规格、图号及其在程序中对应的刀具号（如 D03 或 L02 等），必须按实际刀具半径或长度加大或缩小补偿值的特殊要求，更换该刀具的程序段号等；整个程序加工内容的顺序安排；子程序的说明；其他需要做特殊说明的问题等。

数控加工走刀路线图主要反映加工过程中刀具的运动轨迹，其作用一方面是方便编程人员编程；另一方面是帮助操作人员了解刀具的走刀轨迹（如从哪里下刀，在哪里抬刀，哪里是斜下刀等），以便确定夹紧位置和控制夹紧元件的高度。

5）钳工工序卡

它包括打毛刺、打字、划线、组合零件等。钳工工序与一般机械加工工序相似，可用简图和文字说明加工内容、技术要求和注意事项。如零件要求全部打毛刺，则可不必画简图。属于钳工加工的钻（扩、铰）孔工序，不包括在钳工工序内，属于机械加工工序。

6）特种检验工序卡

特种检验包括 X 射线检验、超声检验、磁力探伤和荧光检查等，采用机械加工工序卡，可不画工序简图。在"工序内容"栏内可写"按冶金说明书检查，不得有裂纹（或其他缺陷）"等。

7）洗涤、防锈、油封工序卡

洗涤、防锈可单独列工序，也可在机械加工工序内以附注形式予以说明。

零件加工完经过检验工序以后，应安排洗涤、油封工序。洗涤、防锈、油封等皆采用机械加工工序卡。可画工序简图，也可不画工序简图，在"工序内容"栏内写明"按冶金说明书进行洗涤、防锈（或洗涤、油封）"。洗涤、防锈、油封工序卡中所用设备为洗涤槽、防锈槽和油封槽等。

8）检验工序卡

它是检验员进行中间或最后检验工序使用的技术文件，仍采用机械加工工序卡片，其中应包括所要求的检验项目、要求和必要的说明。

无论是中间检验，还是最终检验，都要画出检验简图。简图上可不注尺寸，只注尺寸编号。在"工序内容"栏内只写检验①、②、③、…，在编号后注明所要检验的尺寸及公差。

2.4　机床夹具设计

工艺装备设计包括机械加工中所用的夹具、模具、刀具和量具等设计。这里主要介绍机床夹具的设计。

2.4.1　机床夹具的分类和作用

(1) 机床夹具的分类

夹具的分类方法比较多，一般可分为通用夹具和专用夹具。为适应现代机械制造业产品改型快、新品种多、小批量生产的特点，除使用通用夹具和专用夹具外，还发展了通用可调夹具、成组夹具和组合夹具等类型。

按夹具的应用范围、使用特点来分，有以下类型。

1) 通用夹具

通用夹具是指已经标准化的、在一定范围内可用于加工不同工件的夹具，多由专门制造厂供应，如三爪或四爪卡盘、机器台虎钳、回转工作台、万能分度头、磁力工作台等。

2) 专用夹具

专用夹具是指专为某一工件的某道工序的加工而设计制造的夹具，一般在一定批量的生产或高精度零件加工中应用。

3) 通用可调夹具和成组夹具

通用可调夹具和成组夹具的结构相似，其共同点是：在加工完一种工件后，经过调整或更换个别元件，即可加工形状相似、尺寸相近或加工工艺相似的多种工件。但通用可调夹具的加工对象并不很确定，其通用范围较大，如滑柱钻模、带各种钳口的机器台虎钳等即是这类夹具。而成组夹具则是专门为成组加工工艺中某一组零件而设计的，针对性强，加工对象和适用范围明确，结构更为紧凑。在当前多品种小批量生产的条件下，这两类夹具是工艺装备设计的一个发展方向。

4) 组合夹具

组合夹具是指按某一工件的某道工序的加工要求，由一套事先准备好的通用的标准元件和部件组合而成的夹具。这种夹具用完之后可以拆卸存放，或重新组装新夹具时供再次使用。由于组合夹具是由各种标准元、部件组装而成，故具有组装迅速、周期短、能反复使用等特点，所以在多品种、小批量生产或新产品试制中尤为适用。

夹具也可按所适用的机床来分类，可分为车床夹具、铣床夹具、钻床夹具、镗床夹具和其他机床夹具等类型。根据驱动夹具工作的力源不同，还可分为手动夹具、气动夹具、液压夹具、电磁和电动夹具等。

(2) 机床夹具的作用

机床夹具在机械加工中的应用广泛，其作用为：保证工件的加工精度，稳定产品质量；提高劳动生产率，降低加工成本；改善工人劳动条件，扩大机床工艺范围，改善机床用途。

2.4.2　机床夹具设计内容和步骤

(1) 分析原始资料，明确设计任务

需分析工件的结构特点、材料、生产规模；分析本工序的加工要求以及本工序与前后工序的联系；分析了解所用设备、辅助工具及与设计夹具有关的技术性能和规格；了解工具车间的生产技术水平。

(2) 分析研究设计方案，确定设计结构

1) 确定定位方案，设计定位机构

① 根据加工要求分析所需限制的自由度。

② 确定采用何种定位元件或机构，分析属于何种定位，过定位时应采取何种措施。

③ 设计定位机构。

2) 确定夹紧方案，设计夹紧机构

① 根据工件的结构特点、材料加工性能、本工序的切削用量、加工要求，确定夹紧力的方向、作用点和大小。

② 确定夹紧方案，采取何种夹紧机构，估算夹紧力的大小。

③ 设计夹紧机构。

3) 确定刀具引导、对刀方案，设计刀具引导、对刀元件

① 根据本工序的加工要求、加工性能，分析确定对刀方案。

② 分析初算刀具引导、对刀误差。

③ 设计引导，对刀机构。

4) 确定分度方案，设计分度机构

① 分析并确定方案。采用立轴式还是卧轴式或斜轴式分度；采用轴向分度还是采用径向分度；采用何种对定操作机构；采用何种锁紧机构；采用何种抬起机构。

② 设计分度、对定、操作、锁紧、抬起机构。

5) 分析考虑各种元件、机构的布局，确定夹具体和总体结构

需分析确定各种元件、机构的布局；分析确定各种元件、机构的连接，设计连接件；分析确定采用何种形式的夹具体及设计夹具体；分析确定总体结构方案，设计总体结构。

(3) 绘制总图

① 绘制总图的顺序：

a. 用双点划线画出工件的轮廓外形，并显示出加工余量；

b. 绘制定位元件或机构；

c. 绘制夹紧机构；

d. 绘制刀具的引导、对刀元件；

e. 绘制分度机构；

f. 绘制夹具体及连接件。

② 总图的主视图应取夹具实际工作的位置。

③ 总图中视图应尽量少，但必须能够清楚地表示出夹具的工作原理和结构，表示出各种机构或元件之间的位置关系等，总图中一般不画虚线。

④ 总图一般按 1：1 绘制，必要时也可按比例放大或缩小。

⑤ 总图标题栏中应标出：对象件的图号、工序号；夹具的名称、图号；夹具各元件的

编号、名称、件数、材料热处理，各标准件代号及规格；绘图比例，夹具总重量；设计校对者签名等。

（4）制订技术要求

在总图上应制订和标注下列技术要求和尺寸：

① 夹具最大外形轮廓尺寸；

② 与定位有关的尺寸公差和形位公差；

③ 与夹具在机床上的安装有关的技术要求；

④ 刀具引导件或对刀件与定位元件的位置尺寸公差；

⑤ 主要的装配尺寸，即各连接副的配合要求；

⑥ 必要的检验尺寸；

⑦ 夹具使用和制造时的一些特殊要求，如夹具的平衡、试压、试用，特殊要求的配合间隙、配合过盈量，使用中的注意事项等；

⑧ 技术要求的公差值：线性尺寸公差或角度公差 δ_j 取 $\left(\dfrac{1}{2} \sim \dfrac{1}{5}\right)\delta_k$，$\delta_k$ 为工件的加工允许公差；夹具上工作表面的相互位置公差 δ_j 取 $\left(\dfrac{1}{2} \sim \dfrac{1}{3}\right)\delta_k$。

（5）绘制夹具零件图

① 零件图的主视图一般应取该零件在夹具中的实际工作位置或装配位置，零件图一般按 1∶1 绘制；

② 零件图的视图要足够，既能表示外部形状，又能反映内部结构，必要时可采用局部剖来满足要求；

③ 标注零件图的尺寸公差、粗糙度、热处理和技术条件时，应满足夹具总图的要求。

（6）进行夹具的精度分析

1) 夹具的总误差计算

夹具的总误差 Δ 必须符合误差计算不等式，即：

$$\sum\Delta = \Delta_D + \Delta_A + \Delta_T + \Delta_G \leqslant \delta_k \tag{2.3}$$

式中，Δ_D 为定位误差；Δ_A 为安装误差；Δ_T 为引导对刀误差；Δ_G 为加工方法误差；δ_k 为工件的加工允许公差。

2) 定位误差 Δ_D 的计算

$$\Delta_D = \Delta_Y \pm \Delta_B \tag{2.4}$$

式中，Δ_Y 为基准位移误差；Δ_B 为基准不重合误差。

① 工件以平面定位时，有 $\Delta_Y = 0$，$\Delta_D = \Delta_B$。

② 工件以圆孔在芯轴或定位销上定位时，有：

a. 定位时孔与芯轴固定单边接触时，有：

i. 定位基准与工序基准相重合时：

$$\Delta_B = 0 \tag{2.5}$$

$$\Delta_Y = \frac{D_{max} - d_{omin}}{2} \tag{2.6}$$

$$\Delta_D = \Delta_Y = \frac{D_{max} - d_{omin}}{2} \tag{2.7}$$

式中，D_{max} 为工件定位孔的最大直径；d_{omin} 为定位芯轴的最小直径。

ⅱ. 定位基准与工序基准不重合时：

$$\Delta_B \neq 0 \tag{2.8}$$

$$\Delta_Y = \frac{D_{max} - d_{omin}}{2} \tag{2.9}$$

$$\Delta_D = \Delta_Y \pm \Delta_B = \frac{D_{max} - d_{omin}}{2} \pm \Delta_B \tag{2.10}$$

b. 定位时孔与芯轴任意边接触时，有：

$$\Delta_Y = D_{max} - d_{omin} \tag{2.11}$$

$$\Delta_D = \Delta_Y \pm \Delta_B = D_{max} - d_{omin} \pm \Delta_B \tag{2.12}$$

③ 工件以圆孔在锥销或锥度芯轴上定位时：

$$\Delta_Y = 0 \tag{2.13}$$

$$\Delta_D = \Delta_B \tag{2.14}$$

④ 工件以外圆柱面作定位基面时，有：

a. 在定位套上固定单边接触定位时：

$$\Delta_Y = \frac{D_{omax} - d_{min}}{2} \tag{2.15}$$

$$\Delta_D = \Delta_Y \pm \Delta_B = \frac{D_{omax} - d_{min}}{2} \pm \Delta_B \tag{2.16}$$

式中，D_{omax} 为定位元件孔的最大直径；d_{min} 为工件外圆柱面的最小直径。

b. 在定位套上任意边接触定位时：

$$\Delta_Y = D_{omax} - d_{min} \tag{2.17}$$

$$\Delta_D = \Delta_Y \pm \Delta_B = D_{omax} - d_{min} \pm \Delta_B \tag{2.18}$$

c. 在半圆孔上定位时：

$$\Delta_Y = \frac{\delta_d + \delta_{DO}}{2} \tag{2.19}$$

$$\Delta_D = \Delta_Y \pm \Delta_B = \frac{\delta_d + \delta_{DO}}{2} \pm \Delta_B \tag{2.20}$$

式中，δ_d 为工件外圆柱面的直径公差值；δ_{DO} 为定位件半圆孔的直径公差值。

d. 在 V 形块上定位时：

$$\Delta_Y = \frac{\delta_d}{2\sin\frac{\alpha}{2}} \tag{2.21}$$

$$\Delta_D = \Delta_Y \pm \Delta_B = \frac{\delta_d}{2\sin\frac{\alpha}{2}} \pm \Delta_B \tag{2.22}$$

式中，α 为 V 形块两工作平面间的夹角。

⑤ 圆柱工件以其轴线作定位基准在锥套上定位时：

$$\Delta_Y = 0 \tag{2.23}$$

$$\Delta_D = \Delta_B \tag{2.24}$$

⑥ 圆形工件采用自动定心时：

$$\Delta_Y = 0 \tag{2.25}$$

$$\Delta_D = \Delta_B \tag{2.26}$$

⑦ 工件以一端面及两孔在一圆柱销及一削边销和一平面上定位时

$$\Delta_{1X} = D_{1max} - d_{o1min} \tag{2.27}$$

$$\Delta_{1Y} = D_{1max} - d_{o1min} \tag{2.28}$$

$$\Delta_{2X} = D_{1X} + 2\delta_{LD} \tag{2.29}$$

$$\Delta_{2Y} = D_{2max} - d_{o2min} \tag{2.30}$$

$$\Delta_\alpha = \arctan \frac{\Delta_{1Y} + \Delta_{2Y}}{2L} \tag{2.31}$$

式中，Δ_{1X} 为以圆柱销定位在工件两孔连心线方向的基准位移误差；Δ_{1Y} 为以圆柱销定位在工件两孔连心线垂直方向的基准位移误差；Δ_{2X} 为以削边销定位在工件两孔连心线方向的基准位移误差；Δ_{2Y} 为以削边销定位在工件两孔连心线垂直方向的基准位移误差；Δ_α 为相对于工件两孔连心线方向的转角位移误差；D_{1max} 为以圆柱销定位的工件孔最大直径；d_{o1min} 为圆柱销的最小直径；δ_{LD} 为工件两定位孔距离的公差值；D_{2max} 为以削边销定位的工件孔最大直径；d_{o2min} 为削边销的最小圆直径；L 为圆柱销定位的工件孔与削边销定位的工件孔中心之间的距离。

3）夹具在机床上的安装误差 Δ_A 的计算

① 车床夹具的安装误差　对于芯轴，Δ_A 就是芯轴定位表面对顶心孔或锥柄的同轴度；对于专用车床夹具，Δ_A 就是夹具定位元件的圆柱面对过渡盘安装基面的同轴度。另外，安装基面与主轴轴颈的配合间隙使夹具产生转角误差 β，它对加工的影响也应换算计入误差 Δ_A 中，转角误差 β 为：

$$\beta = \arctan \frac{\varepsilon_{max}}{L} \tag{2.32}$$

式中，ε_{max} 为过渡盘与机床主轴配合时最大单边间隙；L 为过渡盘孔的长度。

② 铣床夹具的安装误差　影响 Z 方向加工尺寸的安装误差 Δ_A，即为定位表面至夹具底面的位置误差；影响 X 或 Y 方向加工尺寸的安装误差 Δ_A 可根据夹具斜装时的倾斜角 β，加工面的长度等进行换算，倾斜角 β 为：

$$\beta = \arctan \frac{\varepsilon_{max}}{L} \tag{2.33}$$

式中，ε_{max} 为定向键与机床 T 形槽最大单边配合间隙；L 为两定向键之间的距离。

③ 钻床夹具的安装误差　用钻模加工孔时，工件孔的位置尺寸决定于钻套对定位元件的位置尺寸，故安装误差 Δ_A 只考虑定位元件与夹具安装表面的相互位置误差对加工尺寸的影响，可根据夹具定位面对安装基面不平行造成的夹具在 Z 方向的线性误差 Δ_Z，夹具倾斜角 β 进行换算，倾斜角 β 为：

$$\beta = \arctan \frac{\Delta_Z}{L} \tag{2.34}$$

式中，Δ_Z 为夹具定位表面对安装表面的位置误差；L 为夹具安装表面的长度。

4）对刀或引导误差 Δ_T 的计算

① 铣床夹具的对刀误差 Δ_T：

$$\Delta_T = \delta_S + \delta_h \tag{2.35}$$

式中，δ_S 为塞尺的制造误差；δ_h 为对刀块工作表面至定位元件的尺寸公差。

② 钻床夹具的引导误差 Δ_T：

$$\Delta_T = \sqrt{\delta_L^2 + e_1^2 + e_2^2 + X_1^2 + (2X_3)^2} \tag{2.36}$$

式中，δ_L 为钻模板底孔至定位元件的尺寸公差；e_1 为快换钻套内外圆的同轴度；e_2 为衬套内外圆的同轴度；X_1 为快换钻套和衬套的最大配合间隙；X_3 为刀具在钻套中的偏斜，其值为：

$$X_3 = \frac{X_2}{H}\left(B + S + \frac{H}{2}\right) \tag{2.37}$$

式中，H 为钻套高度；S 为钻套底端面至工件表面的距离；B 为钻孔深度；X_2 为刀具引导部位与钻套的最大配合间隙。

以上各误差不一定影响每一个加工尺寸，因此对具体夹具、具体加工尺寸要作具体分析，然后分别进行计算。

2.5　机械加工工艺及工装设计实例

2.5.1　落料模的设计示例

(1) 概述

随着仪器仪表、家用电器、交通能源、通信工程和轻工产品等行业的飞速发展，这些行业的产品中零件有 70% 以上是采用模具技术加工的，因此模具是工业生产中的重要工艺装备。采用模具生产的零件，具有高效、节材、成本低、能保证质量等一系列优点，对大批量生产的机电产品能获得价廉物美的效果。

冲裁一般是指利用一对工具，如冲裁模的凸模和凹模或剪床的上剪刃与下剪刃，并借助压力机的压力，对板料或已成形的工序沿封闭的或非封闭的轮廓进行断裂分离加工的方法。冲裁一般占冷冲压加工的 60% 以上。

冲裁工艺一般包括落料、冲孔、修边、冲槽、冲缺口、切断、切舌和剖切等工序，落料模是冲裁模具的一种。

(2) 冲裁件的工艺分析、被冲零件图和排样图的绘制

冲裁件的工艺性指从冲压工艺方面来衡量其设计是否合理。一般来讲，在满足工件使用要求的条件下，能以最简单最经济的方法将工件冲制出来，就说明该件的冲压工艺性好；否则，其工艺性就差。

1) 冲裁件的结构要素

冲裁件的形状应力求简单、规则，以便节省原材料，减少工序数目，提高模具寿命，降低工件加工成本。综合考虑冲裁件的质量要求和经济效益，对其结构尺寸提出如下要求：

① 冲裁件的内、外形转角处应避免尖锐的转角，应有适当的圆角 R，一般应有 $R > 0.5t$（t 为板料厚度）的圆角；若图样上未注明圆角半径，两冲裁边交角处可按 $R = t$ 处理。否则，模具的寿命将明显降低。

② 冲裁件上应尽量避免窄长的悬臂和凹槽（长为 L，宽为 b），最好 $b > 2t$、$L < 3t$。对

于高碳钢、合金钢等硬材料，允许值应增大 30％～50％；对于黄铜、纯铜和铝等软材料，可减少 20％～25％。

③ 冲裁件上孔与孔之间、孔到零件边缘的距离 b，受模具强度和制件质量的限制，其值不能太小，一般要求 $b \geqslant 2t$。

④ 冲裁件端部带圆弧（半径为 R）时，当采用有搭边落料成形时，应取 $R = B/2$(B 为宽度）。

2）冲裁件的精度和表面粗糙度

① 普通冲裁件内外形尺寸的经济精度一般不高于 IT11 级，落料件精度最好低于 IT10 级。冲裁件的直线尺寸精度参见有关手册。

② 落料后再冲孔时，孔中心到边缘距离的尺寸参见有关手册。

③ 由落料与冲孔制成的圆环形工件的同轴度公差等于其外径直径 D 的公差。

④ 冲裁件的对称度公差等于构成它的要素中较大尺寸的公差。

⑤ 一般金属件普通冲裁的断面，其表面粗糙度 Ra 值参见有关手册。

3）绘制好被冲零件图和排样图

① 绘制被冲零件图。在对冲裁件的工艺性进行分析后，要绘制出其零件图，如图 2.10 所示。

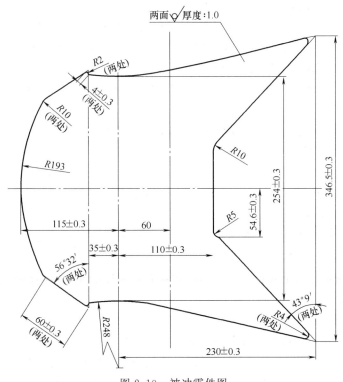

图 2.10　被冲零件图

② 排样。它是指冲裁件在板料、条料或带料上的布置方法。排样是否合理，直接影响到材料利用率、零件质量、生产率、模具结构与寿命及生产操作方式与安全。

按材料的经济利用程度或废料的多少，排样可分为有废料排样与少、无废料排样两大类。按零件在条料上的布置形式，排样又可分为直排、斜排、对排、对头斜排、多排、混合排等形式。根据被冲零件图,本排样可采用有废料排样中的直排形式,以使模具简单,且其搭边值须取得合理。

对于形状复杂的零件,用计算法选择一个合理的排样方案比较困难,可用厚纸板剪成3~5个样件,就很容易摆出各种可能的排样方案,从中选择一个比较合理的方案作为排样图。本落料模的排样图采用有搭边的直排,用冲件实际尺寸的纸型进行排样,决定条料宽度和送料距离,按照绘制排样图的规定,画好排样图,如图2.11所示。

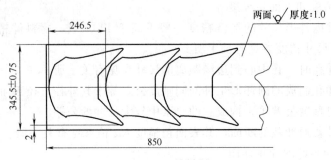

图 2.11　排样图

(3) 凸模结构设计

1) 凸模结构设计的原则

为了保证凸模(冲头)能够正常工作,设计任何结构形式的凸模都必须满足如下原则。

① 精确定位。凸模安装到固定板上以后,在工作过程中其轴线或母线不允许发生任何方向的移位,否则将导致冲裁间隙不均匀,降低模具寿命,严重时可造成啃模。

② 防止拔出。回程时,卸料力对凸模产生拉伸作用。凸模的结构应能防止凸模从固定板中拔出来。

③ 防止转动。凸模在工作过程中不能发生转动,否则将啃模。

2) 凸模结构类型选择

凸模的结构类型有标准圆凸模、凸缘式凸模、铆装式凸模、直通式凸模、镶拼式凸模等。考虑到整体式强度较好,故该凸模采用整体直通式结构。

3) 凸模长度的确定

设计标准模具时,当选定了典型组合以后,凸模的长度就确定了。设计非标准模具时,凸模的长度一般应根据结构上的需要,并考虑磨损量和安全因素来确定。

凸模长度的确定分固定卸料方式和弹压卸料方式两种情况。本凸模按弹压卸料方式来确定长度,取其长度 $L=35\mathrm{mm}$。

4) 凸模强度校核

一般凸模的强度是足够的,没有必要进行强度校核。只有当凸模特别细长,或凸模的截面尺寸相对于板厚很小时,才进行强度校核。凸模强度校核包括抗压能力和抗纵向弯曲能力两个方面的内容。根据本凸模的结构和尺寸,其强度可不进行校核。

根据上述讨论,凸模(冲头)结构设计如图2.12所示。

(4) 凹模结构设计

1) 凹模板的外形与尺寸

凹模(阴模)板的外形有圆形和矩形两种,本凹模板采用矩形外形结构。

从凹模刃口到凹模外缘的最短距离称为凹模的壁厚,它将直接影响凹模板的外形尺寸,

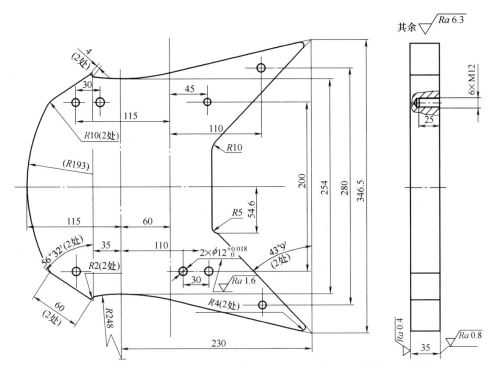

型面尺寸按被冲零件配制，单边间隙保持为 0.0475mm，切刃口不氧化，不磨圆。

图 2.12　冲头

即长度与宽度（$L \times B$）。但不应简单地从凹模形孔向四周扩大一个凹模壁厚的允许值来决定凹模的外形尺寸。因为冲裁过程中必须使冲压力的合力作用线（压力中心）与凹模及模柄中心线重合，使压力机滑块不受偏载，以使模具平稳地工作，减少对压力机滑块与模具导向零件的磨损。

凹模壁厚 c 值主要考虑布置连接螺钉孔和销钉孔的需要，同时也要保证凹模的强度和刚度，设计时可参考有关手册。特别注意：工件料薄时取较小值，反之取较大值；型孔为圆弧时取小值，为直边时取中值，为尖角时取大值；当设计标准模具，或虽然设计非标准模具但凹模板毛坯需要外购时，应将计算的凹模外形尺寸 $L \times B$ 按模具国家标准中凹模板的系列尺寸进行修正，取较大规格的尺寸。

2）凹模板的厚度

凹模板的厚度主要不是从强度需要考虑的，而是从连接螺钉旋入深度与凹模刚度的需要考虑的。凹模板的厚度一般应不小于 10mm，特别小型的模具可取 8mm。随着凹模板外形尺寸的增大，凹模板的厚度也应相应增大。

整体凹模板的厚度 H 可按如下经验公式估算：

$$H = Kb_1 \tag{2.38}$$

式中，K 为凹模厚度系数，查手册取 $K=0.12$；b_1 为垂直于送料方向的凹模型孔壁间最大距离，这里取 $b_1=341.5$，则 $H=40.98$mm，实际取 $H=40$mm。

3）凹模型孔的侧壁形状

凹模型孔的侧壁形状有两种基本类型：一种是侧壁与凹模面垂直的直壁型孔；另一种是侧壁与凹模面稍倾斜的斜壁型孔。其中直壁型孔又有三种结构：全直壁型孔、用于圆形孔的阶梯形直壁型孔和用于非圆形孔的阶梯形直壁型孔。该凹模采用直壁型孔中的全直壁型孔结构。

4）凹模板上孔壁的最小尺寸

凹模板常用螺钉与下模座连接，并用销钉与之定位。从保证凹模强度考虑，对这些孔到凹模板边缘与刃口边缘以及这些孔之间的最小距离，应当加以限制。

① 螺孔中心到凹模板外缘尺寸：如凹模需要淬火时，当螺孔中心到凹模板外缘等距时，螺孔中心到凹模板外缘距离 $L=1.25d\sim3.2d$；当螺孔中心到凹模板外缘不等距时，则允许最小值 L 为 $L=1.13d\sim1.5d$（d 为螺孔直径）。冲薄料或纸板时，凹模有时不需淬火，则上述允许值可取小些。该凹模需淬火处理，且采用螺孔中心到凹模板外缘不等距，则 L 需较大些。

② 销孔中心到凹模板外缘尺寸：圆柱销孔中心到凹模板外缘的距离应保证打入圆柱销时孔壁最薄弱处不产生变形。否则，轻者造成圆柱销松动，使定位不准确，严重时可能涨裂销孔。销孔中心到凹模板外缘允许的最小距离 L 可参考有关手册。

③ 螺孔与凹模型孔及销孔之间的尺寸：螺孔中心到刃口或销孔边缘的距离 s，标准尺寸 $s>2d$。允许最小尺寸，凹模板淬火时，$s_{min}=1.3d$；凹模板不淬火时，$s_{min}=1d$。

④ 螺孔之间的中心距：当凸模固定板、凹模板及凹模镶块用螺钉紧固时，这些板上螺孔之间的中心距 s 按有关手册选取。

5）凹模的总体结构

凹模的结构有整体式和镶拼式结构。考虑到整体式强度较好，故此本凹模（阴模）采用整体式结构，如图 2.13 所示。

(5) 刃口尺寸计算与处理

凸模与凹模刃口尺寸计算包括决定刃口的基本尺寸与制造公差。刃口尺寸及公差直接影响冲裁件的尺寸精度与冲裁间隙值。

1）刃口尺寸计算的一般原则

① 刃口尺寸应能保证冲出合格工件。由于落料件的实际尺寸基本与凹模刃口尺寸一致，所以落料时应先计算凹模刃口尺寸，再改变凸模刃口尺寸，以获得合理的冲裁间隙值。

② 刃口磨损一些仍能冲出合格工件。只要磨损量不超过一定范围，模具应仍能冲出合格的工件。落料时，磨损后凹模尺寸将增大，故设计凹模刃口基本尺寸应靠向工件允许的最小尺寸。

③ 设计时应取最小合理冲裁间隙。随着凸模与凹模刃口磨损量的不断增大，冲裁间隙也将不断增大。所以设计模具时，冲裁间隙应取其允许的最小值 Z_{min}（此落料模的 Z_{min} 取 0.95mm）。

2）冲裁件尺寸公差的确定

一张冲裁零件工作图上的尺寸公差可能有两种情况：少数有严格要求的尺寸注出公差的具体要求，而多数尺寸未注公差。对于未注公差尺寸，一般按企业通用技术条件规定执行。如有的企业规定，未注公差尺寸军品按 IT13 级，民品按 IT14 级。对于偏差值的大小与正负，按公差与配合的一般规定，"轴类尺寸"取单向负偏差；"孔类尺寸"取单向正偏差；对于非配合的自由长度尺寸，如无特殊规定，应取对称偏差形式。对于该被冲零件，其尺寸公差可取对称偏差形式。

3）刃口尺寸计算方法

计算刃口尺寸的方法常有两种：一是凸模与凹模分别注出各自的基本尺寸及其公差，简称为公差法制模；二是只有基准件（落料时为凹模，冲孔时为凸模）注出基本尺寸及其公

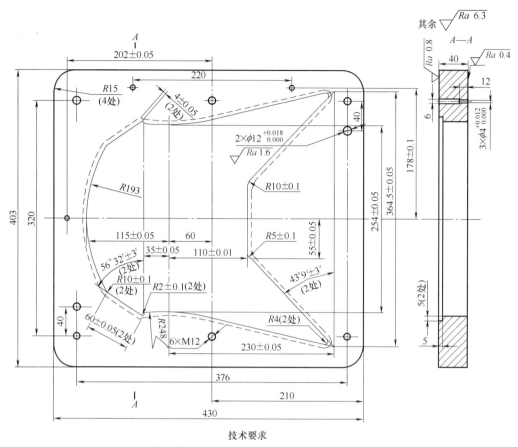

技术要求

1. 设计凹模刃口尺寸应靠向工件的最小尺寸;

2. 此落料模凹模需淬火处理, 使其硬度为58～62HRC;

3. 此凹模采用整体结构, 工作表面粗糙度Ra0.4mm;

4. 切削刃口不氧化, 不磨圆。

图 2.13　凹模

差, 而配作件 (落料时为凸模, 冲孔时为凹模) 则只注与基准件相同的基本尺寸, 不注公差, 在技术要求中注明配作时应达到的合理冲裁间隙值 $Z_{\min}$, 简称为配作法制模。

该落料模可采用配作法制模, 具体做法是: 只计算凹模刃口尺寸, 制造公差取工件相应尺寸公差的 1/4～1/6; 凸模刃口尺寸不需计算, 在凸模的工作图只注凹模相应刃口尺寸的基本尺寸, 不注公差, 并在技术要求中注写 "刃口尺寸按凹模实际尺寸配作, 保证单边间隙为 $0.0475\text{mm}(Z_{\min}/2$ 的值)"。

对于非规则形状的冲裁, 落料凹模刃口尺寸随刃口磨损量增大的变化, 需分三种情况: 磨损后尺寸增大, 简称 A 类尺寸; 磨损后尺寸减小, 简称 B 类尺寸; 磨损后尺寸不变, 简称 C 类尺寸。对于 A、B、C 三类刃口尺寸, 应按相应的计算公式进行计算。

(6) 压力中心

冲裁力合力的作用点称为冲裁的压力中心。为了保证压力机和模具平稳地工作, 必须使冲模的压力中心与压力机滑块中心线相重合, 对于使用模柄的中小型模具就是要使其压力中心与模柄轴线相重合, 否则将使冲模和压力机滑块承受侧向力, 引起凸、凹模间隙不均匀和导向零件加速磨损, 甚至还会引起压力机导轨的磨损, 影响压力机精度。

压力中心的求法主要有两种：计算法和作图法。现多用计算法，采用计算法求压力中心，就是求被冲零件或排样图中全部冲裁轮廓图的重心。只要计算的压力中心不偏离到模柄直径以外，对一般的冲模是允许的。

（7）定位装置

1）定位的原则与类型

定位是指条料或坯件在冲模内应处于正确的位置，定位应符合六点定位原则。定位的基本形式有导向定位、接触定位和形状定位三种类型。

2）条料横向定位装置

条料横向定位（导料）装置有导料板与承料板、导料销、侧压装置等。该落料模的条料横向定位装置采用导料销，其中心距应尽可能取大一些。

3）条料纵向定位装置

条料纵向定位（挡料）装置有固定挡料销、活动挡料销、回带式挡料装置、始用挡料装置、侧刃与侧刃挡块、导正销等。该落料模的条料纵向定位装置采用固定挡料销。

（8）卸料装置

卸料装置是将一次冲裁结束后的工序件与落料凸模脱离，以便进行下一次冲裁。卸料装置有固定卸料装置和弹压卸料装置等。

固定卸料装置一般采用固定卸料板，卸料板和凹模与下模座（板）通过螺钉连接起来。如果板料较薄，采用这种方式，会引起板料严重翘曲，使工件质量不好，在间隙较大时，还容易出现卡死现象，严重时可能损坏模具，故使用这种方式时，板料厚度不宜小于 0.8mm，而且不适宜于冲软铝板。

该落料模的卸料装置采用弹压卸料装置，它由弹压卸料板、卸料螺钉与弹性元件等组成。弹性元件采用橡胶块，有关橡胶块的选用与计算，详见有关技术资料。

（9）冲模的导向

冲模工作时，除了由压力机滑块对上模与下模进行导向外，还可单独设置导向装置进行导向，以便达到模具在压力机上安装调整比较方便，冲制的工件质量稳定，冲模不易损坏，模具寿命高等目的。

冲模的导向有导板导向、模架导向和其他导向等方式。采用导板导向，属于固定卸料方式，使用中不允许凸模与导板脱离，选用压力机也受到限制，只能使用行程可调冲床，不适于冲裁薄料或形状复杂的落料加工。

该落料模的导向采用模架形式，它由导柱、导套、上模座（板）和下模座（板）组成。从安全考虑，通常导柱安装在下模座，导套安装在上模座。模架的类型有中间导柱模架、后侧导柱模架、对角导柱模架和四导柱模架等，这里采用对角导柱模架形式，其导向精度较高。模架的导向精度要高于压力机滑块的导向精度。模架可视为模具的一个部件，已高度标准化与商品化，应尽量采用标准模架。

（10）其他冲模零件

1）模柄

中小型模具一般都用模柄将上模与压力机滑块相连接。选择模柄要考虑模具结构的特点和使用要求，模柄工作段的直径应与所选定的压力机滑块孔的直径相一致。

模柄的结构有旋入式、压入式、凸缘式、浮动式、通用式和槽形式等形式，该落料模的模柄采用压入式结构。

2）出件装置

该落料模设计为顺装式模具，其出件装置在下模。出件装置由顶杆和顶块组成。

(11) 落料模的总体设计

经上述讨论后，应绘制该落料模的装配图，如图 2.14 所示。上模由上模板 1 和凸模（冲头）8 组成。凸模 8 采用整体直通式结构，其工艺性很好。工作时，上模用模柄 9 与压力机滑块连在一起，并随压力机滑块作上下往复运动。模柄 9 采用压入式结构。下模由下模板 19 和凹模（阴模）11 组成，使其为顺装式落料模。凹模 11 采用全直壁型孔的矩形外形整体式结构。

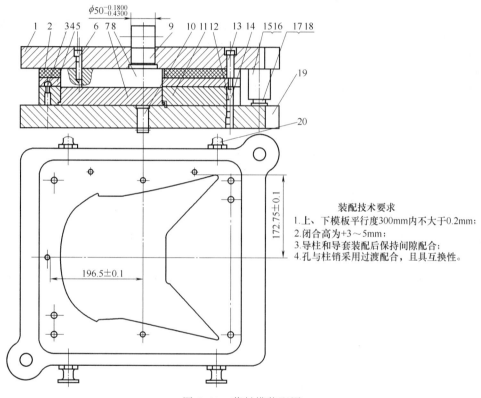

图 2.14　落料模装配图

1—上模板；2—橡皮；3—挡料销；4—退料板；5、12、13—螺钉；6、14—圆柱销；7—顶块；
8—凸模；9—模柄；10—顶杆；11—凹模；15、16—导套；17、18—导柱；19—下模板；20—起重螺钉

该模具的导向装置采用模架形式，它由导柱 17、18，导套 15、16，上模板 1 和下模板 19 组成。导柱安装在下模板上，导套安装在上模板上。模架采用对角导柱模架形式，其导向精度较高，使冲裁间隙在冲裁过程中保持均匀和稳定。

该模具的定位装置，其横向定位采用两个导料销（定位销）进行导料，其纵向定位采用一个挡料销（定位销）3 进行定距。

该落料模的卸料装置采用弹压卸料装置，它由退料板 4、卸料螺钉 5 和 13、弹性元件（橡皮）2 等组成。出件采用逆出件方式，出件装置由顶杆 10 和顶块 7 组成。

本落料模的工作原理是：首先将落料模复位，放入条料，在压力机上给模柄 9 施加一个力，使条料足以产生剪切变形，从而冲制出所要求的零件，然后推动顶杆 10，使顶块 7 复位，取出零件，再放入条料，按如上所述重复动作。

2.5.2　落料模的制造示例

(1) 落料模的工艺分析

本落料模的精度要求不是很高，但对冲头与阴模的配合间隙有较高要求，其单边配合间隙为 0.0475mm。故在装配时，冲头与阴模要进行配制研磨，以保持周围间隙均匀一致。另外模柄圆柱部分应与上模板上平面垂直，导柱和导套之间的移动应平稳且均匀，无歪斜和阻滞现象。这里主要讨论落料模的核心零件——冲头和阴模的机械加工工艺问题。

(2) 冲头的加工工艺规程编制

1) 冲头的功用、结构特点和主要技术要求

如图 2.12 所示，冲头是本落料模的核心零件，冲头与阴模配合，冲裁所需的零件。冲头的制造质量直接影响整个模具的性能、精度和寿命。

冲头采用整体直通式结构，其工艺性好，厚度均匀，但其轮廓形状较复杂。多数尺寸精度要求不高，均为自由公差等级；但两销孔的孔径尺寸 $\phi 12^{+0.018}_{0}$mm，其尺寸公差等级为 IT7，其几何精度未作要求，一般控制在尺寸公差范围内；孔与孔之间的距离尺寸、孔系之间的平行度、孔与平面的位置精度、冲头主要平面的平面度均无要求。

由于冲头要与阴模等零件配合，所以其重要孔和主要平面的表面粗糙度会影响连接面的配合性质或接触刚度。该冲头的两销孔 Ra 为 $1.6\mu m$，冲头的上下表面的 Ra 分别为 $0.4\mu m$ 和 $0.8\mu m$，对其轮廓型面的要求是 Ra 为 $0.4\mu m$。

2) 冲头的材料及毛坯

根据被冲零件的材料 Q235，本冲头选用碳素工具钢 T8A，该材料在退火状态下的切削性能尚好，淬火热处理后，其硬度（50~55HRC）较高，耐磨性好。

为缩短毛坯及模具的制造周期，本冲头的毛坯选用板料，下料至 350mm×349mm×40mm 尺寸。

3) 冲头的机械加工工艺过程及工艺分析

① 冲头的机械加工工艺过程。由于模具的生产为单件生产，生产周期短，故工艺安排上采用工序较集中原则，工艺装备采用通用机床和通用夹具，以降低成本。考虑冲头的外型面复杂，与阴模等零件的配合要求高，在其淬火热处理后，用平磨、数控电火花线切割和研磨加工。

现列出两种机械加工工艺方案，见表 2.4 和表 2.5。

表 2.4　冲头的机械加工工艺方案一

工序号	工序名称	工序内容	设备名称	工装名称
0	备料	备一块 350mm×349mm×40mm 的板料		
5	热处理	退火处理		
10	刨	刨四方及厚度至尺寸 347mm×345.5mm×36mm	牛头刨床	平口台虎钳
15	平磨	平磨一端面至尺寸 347mm×345mm	磨床	砂轮
20	平台	以已磨端面为基准划线		划针
25	钻	钻 6×M12 底孔至 $\phi 10.2mm$，钻 2×$\phi 12$ 销孔至 $\phi 11.9mm$	立式钻床	平口台虎钳
30	钳	攻 6×M12 螺纹		M12 手用丝锥
35	热处理	淬火至 50~55HRC		

工序号	工序名称	工序内容	设备名称	工装名称
40	铰	铰 $2\times\phi11.9$mm 销孔至 $2\times\phi12_{0}^{+0.018}$mm	立式钻床	平口台虎钳
45	线切割	切割外型面,留研磨量 0.03mm	线切割机	组合夹具
50	平磨	平磨厚度至 35mm	磨床	砂轮
55	研磨	研磨型面		油石
60	钳	清洗		
65	检验			

表 2.5 冲头的机械加工工艺方案二

工序号	工序名称	工序内容	设备名称	工装名称
0	备料	备一块 350mm×349mm×40mm 的板料		
5	热处理	退火处理		
10	铣	铣六方至尺寸 347mm×345.5mm×36mm	铣床	平口台虎钳
15	平磨	平磨一端面至尺寸 347mm×345mm	磨床	砂轮
20	平台	以已磨端面为基准划线		划针
25	钻	钻 $6\times$M12 底孔至 $\phi10.2$mm,钻 $2\times\phi12$mm 销孔至 $\phi11.9$mm	立式钻床	平口台虎钳
30	铰	铰 $2\times\phi11.9$mm 销孔至 $2\times\phi12_{0}^{+0.018}$mm	立式钻床	平口台虎钳
35	钳	攻 $6\times$M12 螺纹		M12 手用丝锥
40	热处理	淬火至 50~55HRC		
45	平磨	平磨厚度至 35mm	磨床	砂轮
50	线切割	切割外型面,留研磨量 0.03mm	线切割机	组合夹具
55	研磨	研磨型面		油石
60	钳	清洗		
65	检验			

冲头的机械加工工艺方案选择:在方案一中,淬火热处理之后铰孔,铰孔困难,且先进行 50 工序平磨,以磨出的平面来定位,再进行 45 工序线切割加工,容易保证冲头的外型面质量,故选择方案二。

② 冲头加工工艺过程分析

a. 定位基准的选择。由于冲头的精度要求不严,定位基准的选择也不是特别要求,但根据"基准重合"的原则,一般仍将设计基准作为定位基准,划线找正装夹。

b. 冲头的加工顺序。由于冲头的毛坯选择为板料,而冲头的位置尺寸要求不高,所以采用了先面后孔再面的加工顺序,以保证面的表面粗糙度要求。

c. 加工阶段的划分。由于冲头的表面质量要求较高,所以将粗、精加工划开,这样可以避免粗加工产生的内应力和切削热对加工精度的影响,也可及时发现毛坯缺陷。粗加工考虑的主要是加工效率,精加工考虑的主要是加工精度,这样可以根据粗、精加工的不同要求,合理选择设备,从而使高精度设备的使用寿命延长,提高了经济效益。该冲头在淬火热处理前的工序为粗加工,在淬火热处理后的工序为精加工。

d. 热处理工序的安排。冲头的材料为 T8A,在退火热处理后的切削性能较好,故备料后就进行退火热处理，然后进行切削加工；冲头的硬度要求为 50～55HRC，故在粗加工后，安排淬火热处理，以提高冲头的硬度和耐磨性。

　　e. 确定加工余量。用查表法，确定各工序的加工尺寸及公差如下：

工序 0　　　　毛坯尺寸为 350mm×349mm×40mm

工序 10　　　 工序尺寸为（347±0.285）mm×（345.5±0.285）mm×（36±0.125）mm

工序 15　　　 工序尺寸为 347mm×（345±0.028）mm

工序 25　　　 钻 6×M12 底孔至 6×$\phi10.2^{+0.18}_{0}$mm，钻销孔至 $\phi11.9^{+0.18}_{0}$mm

工序 30　　　 铰销孔至尺寸 2×$\phi12^{+0.18}_{0}$mm

工序 50　　　 平磨厚度至尺寸（35±0.0125）mm

　　f. 加工方法的选择。根据加工表面和精度要求，选择合理的加工方法。这里只介绍冲头的精加工方法选择。由于冲头型面较复杂，要求与阴模配合好，故在淬火热处理后，平磨厚度至 35mm 后；以平磨后的平面定位，采用电火花线切割加工冲头型面，选用 $\phi0.20$mm 钼丝，并用组合夹具装夹；为满足冲头型面的表面粗糙度 $Ra0.4\mu$m 要求，还采用研磨型面的方法。

（3）阴模的加工工艺规程编制

　　1）阴模的功用、结构特点和主要技术要求

　　如图 2.13 所示，阴模是本落料模的基准件，直接决定被冲零件的尺寸与精度，它与冲头配合，故阴模的制造质量直接影响整个模具的性能、精度和寿命。

　　阴模采用全直壁型孔的矩形外形整体式结构，其厚度均匀，但其内腔型面比较复杂，要求的加工精度较高。

　　该阴模的绝大多数尺寸的精度要求不是很高，一般在 IT8～IT9 级，有的甚至为自由公差等级。但其中对部分孔径精度有要求，如 2×$\phi12^{+0.018}_{0}$mm 孔径要求为 IT7 级，其表面粗糙度为 $Ra1.6\mu$m；3×$\phi4^{+0.012}_{0}$mm 的孔径要求为 IT7 级，其表面粗糙度为 $Ra1.6\mu$m。对几何形状精度未作规定，一般控制在尺寸公差范围内；孔与孔之间的距离尺寸、孔系之间的平行度、孔与平面的垂直度等均无要求。

　　2）阴模的材料及毛坯

　　根据被冲零件的材料 Q235，本阴模选用碳素工具钢 T8A，该材料在淬火热处理后有较高的硬度和耐磨性，但塑性较低。该材料基本上能满足冲击力不大、要求耐磨的阴模的功能要求。

　　为更好地满足阴模的性能要求，本阴模选用锻造毛坯 435mm×435mm×46mm，并锻出预孔。

　　3）阴模的机械加工工艺过程及工艺分析

　　① 阴模的机械加工工艺过程。对于阴模的加工工艺过程安排，也采取工序较集中的原则，工艺装备采用通用机床和通用夹具，以降低成本。

　　通过阴模的机械加工工艺方案比较后，确定一种较合理的方案，见表 2.6。

　　② 阴模加工工艺过程分析。阴模的精度要求不严，定位基准的选择也不作特别要求，但根据"基准重合"的原则，一般仍将设计基准作为定位基准，划线找正装夹。

　　由于阴模的毛坯选择为锻件，其绝大多数尺寸的要求不是很高，而对其表面的粗糙度要求较高，所以采用了先面后孔再面的加工顺序。

　　由于阴模的表面质量要求较高，所以将其加工阶段划分为粗、精加工。该阴模在淬火热处理前的工序为粗加工，在淬火热处理后的工序为精加工。

表 2.6　阴模的机械加工工艺方案一

工序号	工序名称	工序内容	设备名称	工装名称
0	备料	备一块 435mm×435mm×46mm 的锻件		
5	热处理	退火处理		
10	刨	刨六面至尺寸 430.5mm×430mm×41mm	刨床	平口台虎钳
15	平磨	平磨一端面及一表面至尺寸 430mm×430mm×40.5mm	磨床	砂轮
20	平台	以已磨平面为基准划内腔面线及孔中心线		划针
25	铣	铣 4×R15mm 圆角及粗铣小型面,留 1mm 余量	铣床	平口台虎钳
30	钳	去毛刺		
35	镗	钻孔 3×ϕ4mm 至 3×ϕ3.5mm,钻通;镗孔 3×ϕ3.5mm 至 3×ϕ6mm,深 28.5mm;精镗 3×ϕ3.5mm 孔至 3×$\phi4^{+0.012}_{0}$mm;钻 2×ϕ12mm 销孔至 2×ϕ11.5mm;镗 2×ϕ11.5mm 至设计尺寸 2×$\phi12^{+0.018}_{0}$mm;钻 6×M12 螺纹底孔 6×ϕ10.2mm	镗床	压板
40	数控铣	铣大小型面,留研磨量 0.04mm	数控铣床	压板
45	钳	攻 6×M12 螺纹,去毛刺		丝锥、锉刀
50	热处理	淬火至 50～55HRC		
55	平磨	平磨另一表面至厚度 40mm	磨床	砂轮
60	研磨	研磨型面及台阶面		油石
65	检验			

阴模的材料为 T8A，其热处理顺序的安排与冲头的相似。

在确定加工余量时，采用查表法，各工序的加工尺寸及公差确定如下：

工序 0　　　　毛坯尺寸为 435mm×435mm×46mm

工序 10　　　工序尺寸为 (430.5±0.31)mm×(430±0.31)mm×(41±0.13)mm

工序 15　　　工序尺寸为 (430±0.031)mm×(430±0.031)mm×(40.5±0.012)mm

工序 25　　　工序尺寸为 (R15±0.1) mm

工序 35　　　工序尺寸为 3×$\phi3.5^{+0.075}_{0}$mm

工序尺寸为 3×$\phi6^{+0.075}_{0}$mm

工序尺寸为 3×$\phi4^{+0.012}_{0}$mm

工序尺寸为 2×$\phi11.5^{+0.11}_{0}$mm

工序尺寸为 2×$\phi12^{+0.018}_{0}$mm

工序尺寸为 6×$\phi10.2^{+0.11}_{0}$mm

工序 55　　　工序尺寸为 (40±0.025) mm

对于阴模的加工方法选择，请自己分析。

在对落料模的主要零件（冲头和阴模）进行机械加工工艺过程的分析后，应编制其机械加工工艺规程，填写"机械加工工艺过程卡"和"工序卡"，并装订成册。

(4) 落料模主要零件的型面加工

这里主要讨论落料模的冲头和阴模型面加工问题。

1）冲头的型面加工

根据冲头的机械加工工艺，冲头的型面加工采用电火花线切割加工方法。

① 线切割加工的工艺特点。它是利用移动的细金属导线（铜丝或钼丝）作电极对工件进行脉冲火花放电、切割成形的。它可以加工淬硬钢和硬质合金钢等一切导电材料。当前，绝大多数的线切割机都采用数控（numerical control，NC）控制，功能也日益完善，具有许多优势，应用广泛。

② 线切割加工工艺。在进行零件的线切割加工时，必须合理确定加工工艺和参数。

a. 线切割机床、电极丝的选择。对于高速走丝线切割，广泛采用 $\phi 0.08 \sim \phi 0.20$mm 的钼丝。电极丝的直径决定了切缝宽度和允许的峰值电流，切割速度高，一般都采用较粗的丝；对于低速走丝线切割，电极丝的材料和直径有较大的选择范围，高生产率时可用 $\phi 0.3$mm 以下的镀锌黄铜丝，精微加工时可用 $\phi 0.03$mm 以上的钼丝。

根据现有生产条件，选择好线切割机床及电极丝。这里可选择 FANUC-besk 型号的 CNC 控制线切割机床，低速走丝，选用 $\phi 0.2$mm 的硬黄铜丝，工作液选用去离子水。

b. 线切割加工参数的选择。脉冲宽度 t_i 的选取主要取决于工件表面粗糙度的要求，一般脉冲宽度大，加工速度提高，而表面粗糙度变差。由于该冲头在线切割后还安排了研磨工序，所以线切割可以选取较大的脉宽，如 $6 \sim 20 \mu s$。

放电峰值电流增大时，切割速度提高，表面粗糙度变差，电极丝损耗加大甚至断丝。对于此低速走丝线切割，放电峰值电流可选取 $6 \sim 12$A。

脉冲间隙 t_0 一般为 $3 \sim 4$ 倍的 t_i，以实现稳定可靠加工。

由于脉宽较小，线切割加工一般总是采用正极性加工（工件接脉冲电源的正极）。加工过程中的进给调整，可采用直接调整法和过渡调整法。直接调整法就是在脉冲电源参数事先固定的条件下，调整平均加工电流的大小，当开始加工时，测出短路电流，进入加工时调整变频电位器，使加工电流为短路电流的 $75\% \sim 90\%$。过渡调整法就是先在小电流条件下调整，然后过渡到正常工作电流加工状态。

③ 线切割加工数控程序的编制

a. 编程格式和间隙补偿。编制程序时，应依据所选用的线切割机床。目前高速走丝线切割机床一般采用 3B（个别扩充为 4B 或 5B）格式，而低速走丝线切割机床通常采用国际上通用的 ISO 或 EIA 格式。这里采用 ISO 格式。

对于落料模，被冲零件的尺寸由阴模（基准件）决定，该模具配合间隙 0.0475mm，应在冲头上扣除，故冲头加工时的线径补偿量 f 为：

$$f = r_w（电极丝半径）+ S_L（放电间隙）- \delta（单边配合间隙） \tag{2.39}$$

其中，$r_w = 0.1$mm，$S_L = 0.01$mm（一般为几微米到几十微米），$\delta = 0.0475$mm，故：

$$f = 0.1 + 0.01 - 0.0475 = 0.0625（mm）$$

考虑冲头留研磨量 0.03mm，则总的线径补偿量 $f_总$ 为：

$$f_总 = f + 0.03 = 0.0925（mm）$$

b. 编程方法。编程方法有两种，一是手工编程，另一种是自动编程。如图 2.12 所示冲头零件图，建议采用自动编程，进行后置处理后，打印出该冲头线切割加工的程序清单。

2）阴模的型面加工

阴模的零件图如图 2.13 所示，有一个台阶面和小型面与落料模的顶块相配合，则小型面可采用线切割加工或数控铣；但大型面只能采用数控铣。为减少定位误差和工序间的辅助时间，故阴模的大小型面，均采用数控铣的方法。

① 数控铣削的工艺分析。

a. 确定工件的安装方法和夹具选择。由于本阴模的精度要求不是很高，所以用通用夹具按线找正装夹。

b. 对刀点、刀位点和刀具的选择。对刀点即为刀具相对于工件运动的起点，在这里可选择对刀点与编程原点重合。对刀时，应使工件上的对刀点与刀具上的刀位点重合。

由于此阴模的型面中有两处 $R2$ 的内凹面，故所选取的圆柱铣刀的直径可选用 $\phi 4$mm。

② 数控铣数控程序的编制。考虑数控机床有偏置功能和刀补功能，这样只需编制一个程序就可加工出阴模的大小两个型面。建议采用自动编程，并打印出该阴模的数控程序清单。

（5）落料模加工工序的夹具设计

在对落料模的主要零件（冲头和阴模）确定了其机械加工工艺过程和型面加工工序内容后，根据需要由教师指定某工序的机床夹具设计，具体内容为：

① 定位方法和定位元件的确定，定位装置的设计。

② 夹紧力的计算，夹紧元件或其组合和动力源的选择，夹紧装置的设计。

③ 确定夹具对机床相互位置的元件，如铣床夹具的定向键、车工夹具的锥柄等。

④ 确定夹具与刀具位置尺寸的元件，如钻模的钻套、镗床夹具的镗套，铣工夹具的对

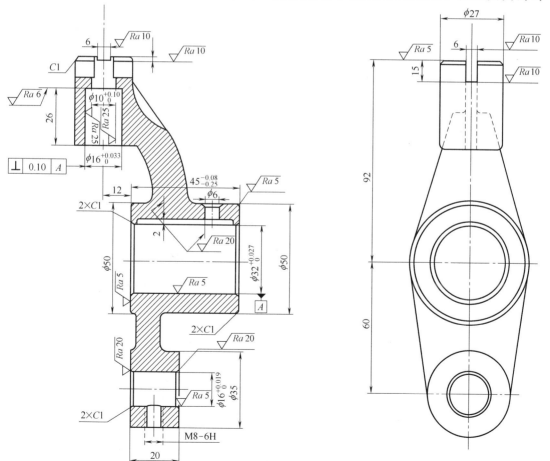

图 2.15 推动架零件图（小批生产）

刀元件等。

　　⑤ 其他装置或元件，如分度装置或顶出器及连接元件等。

　　⑥ 工件在夹具中加工的精度分析。

　　⑦ 夹具体及夹具总体设计。

　　在确定上述内容后，绘制夹具总图，用双点划线画出工件的轮廓；根据工作量的大小，由教师指定绘制夹具的部分零件图。

2.5.3　作业实例

　　如图 2.15～图 2.17 所示，列出四个零件，请分别编制其机械加工工艺规程，并对有关工序的夹具进行设计分析。

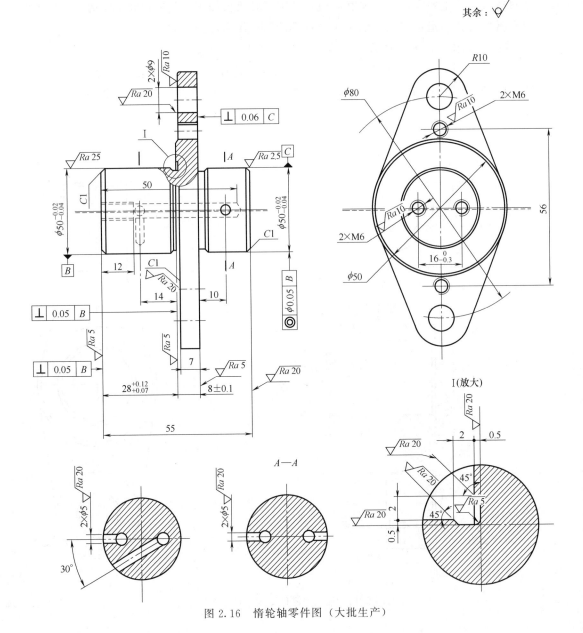

图 2.16　惰轮轴零件图（大批生产）

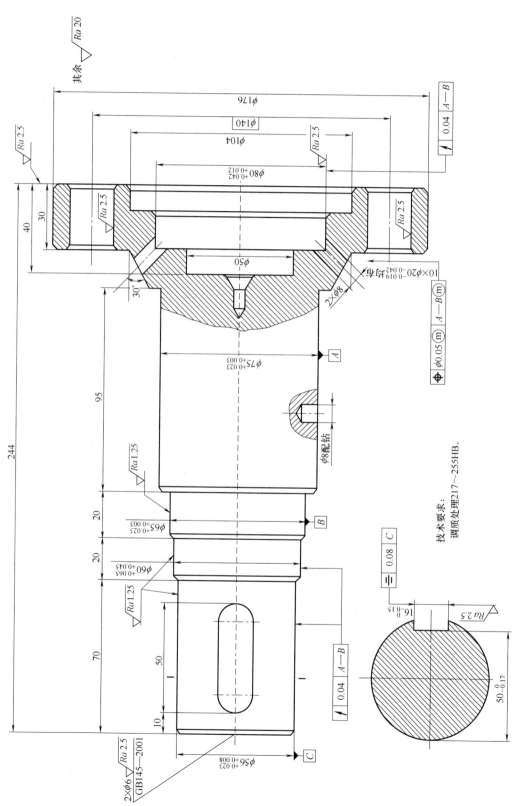

图 2.17　输出轴零件图（中批生产）

第3章

数控车削加工

3.1 数控系统与数控车床

3.1.1 数控系统概述

数控系统由硬件和软件组成。目前全球最大的三家数控厂商是：日本发那科（FANUC）、德国西门子（SIEMENS）、日本三菱（MITSUBISHI）。另外还有法国扭姆（NUM）、西班牙凡高（FAGOR）等。国内数控厂商有华中数控、广州数控、航天数控和蓝天数控等。下面简要介绍主要数控系统。

(1) 日本 FANUC 系列数控系统

FANUC 公司生产的 CNC 产品主要有 FS3、FS6、FS0、FS10/11/12、FS15、FS16、FS18、FS21/210 等系列。目前我国的用户主要使用的有 FS0 系列，以及 FS15、FS16、FS18、FS21/210、FANUC 0i 等系列。

(2) 德国 SIEMENS 公司的 SINUMERIK 系列 CNC 系统

SINUMERIK 系列 CNC 系统有很多系列和型号，主要有 SINUMERIK 3、SINUMERIK 8、SINUMERIK 802、SINUMERIK 810/820、SINUMERIK 850/880 和 SINUMERIK 840 等产品。

(3) 华中数控系统（HNC）

HNC 系统是我国武汉华中数控系统有限公司生产的国产型数控系统。该系统是我国 863 计划的科研成果在实践中应用的成功项目，已开发和应用的产品有华中Ⅰ型数控系统（HCNC-1）、华中 2000 型数控系统（HCNC-2000）、华中 HNC-818、华中 HNC-848 等。

3.1.2 数控车床的分类与组成

(1) 数控车床的分类

① 按加工性能分类：可分为数控立式车床、数控卧式车床、车削加工中心等。

② 按系统控制原理分类：可分为开环、半闭环、闭环、混合环控制型数控车床。

③ 按控制系统功能水平分类：可分为经济型、普及型和全功能型数控车床。

(2) 数控车床的组成及其作用

数控车床主要由数控系统、机床主机（包括床身、主轴箱、刀架、进给传动系统、液压系统、冷却系统、润滑系统等）组成。

① 数控系统：用于对机床的各种动作进行自动化控制。

② 床身：数控车床的床身和导轨有多种形式，主要有水平床身、倾斜床身、水平床身斜滑鞍等，它构成机床主机的基本骨架。

③ 传动系统及主轴部件：其主传动系统一般采用直流或交流无级调速电动机，通过皮带传动或通过联轴器与主轴直联，带动主轴旋转，实现自动无级调速及恒切削速度控制。主轴组件是机床实现旋转运动（主运动）的执行部件。

④ 进给传动系统：一般采用滚珠丝杠螺母副，由安装在各轴上的伺服电机，通过齿形同步带传动或通过联轴器与滚珠丝杠直联，实现刀架的纵向和横向移动。

⑤ 自动回转刀架：用于安装各种切削加工刀具，加工过程中能实现自动换刀，以实现多种切削方式的需要。它具有较高的回转精度。

⑥ 液压系统：它可使机床实现夹盘的自动松开与夹紧以及机床尾座顶尖自动伸缩。

⑦ 冷却系统：在机床工作过程中，可通过手动或自动方式为机床提供冷却液，对工件和刀具进行冷却。

⑧ 润滑系统：集中供油润滑装置，能定时定量地为机床各润滑部件提供合理润滑。

3.1.3　数控车床工艺装备应用

数控车床的工艺装备主要有用于盘类、轴类零件加工的液压动力卡盘和尾座。

（1）液压动力卡盘

液压动力卡盘用于夹持加工零件，使零件与主轴一起生产旋转运动。其夹紧力的大小可通过调整液压系统的压力进行控制，具有结构紧凑、动作灵敏、能够实现较大夹紧力的特点。

（2）尾座

尾座用于长轴类零件的加工以及钻孔、扩孔等。数控车床一般有手动尾座和可编程尾座两种。尾座套筒的动作与主轴互锁，即在主轴转动时，按尾座套筒退出按钮，套筒不动作。只有在主轴停止状态下，尾座套筒才能退出，以保证安全。

3.2　华中 HNC-818 数控车削系统与加工

3.2.1　华中 HNC-818 数控车削系统

（1）华中 HNC-818 数控车削系统简介

华中 HNC-8 型车削数控系统是华中理工大学、武汉华中数控系统有限公司研制开发的，它为用户提供了一个简捷、方便的数控系统操作平台。

华中 8 型数控车削系统型号有：HNC-818Di-TU、HNC-818Ai-TU、HNC-818Bi-TU 、HNC-818D 等。其中型号 HNC-818D 配置 12 寸高分辨率彩色液晶显示屏（可选配触摸屏），高档铝合金一体化面板，其表面阳极化处理，更加时尚坚固，它提供全新人机交互界面，全面支持按键、鼠标、触摸操作，QWERTY 全键盘输入，让编辑更为简单；支持多种安装方式，与机床外观更加融合。HNC-818D 数控车削系统连接结构如图 3.1 所示。

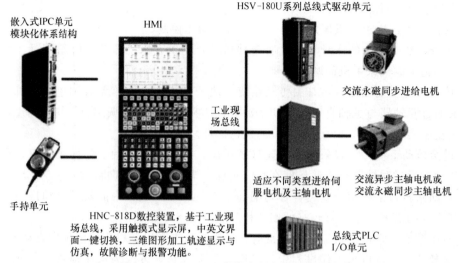

图 3.1 HNC-818D 数控车削系统连接结构

1) HNC-818D 系统功能

- 最大通道数为 10 通道。

- 每通道最大进给轴数为 9 轴，最大主轴数为 4 轴，最大联动轴数为 9。

- 最大同时运动轴数为 80 轴，最大进给轴数为 64 轴。

- 可选配各种类型的全数字交流伺服驱动单元及主轴电机（同步、异步、直线、力矩电机）。

- 支持手持单元接口。

- 采用 12.1 寸全触摸显示屏，支持一键中英文界面切换，插补周期为 0.125 ~ 4ms。

- 最小输入单位 $10^{-4} \sim 10^{-6}$ mm/deg/inch，加工断点保存/恢复功能。

- 反向间隙和单、双向螺距误差补偿功能，支持高速以太网数据交换。

- 2GB 用户程序断点存储区。

- 1GB RAM 加工内存缓冲区，自定义 G 代码功能。

- 后台编辑和蓝图编程功能（选件）。

- 采用国际标准 G 代码编程，与各种流行的 CAD/CAM 自动编程系统兼容。

- 具有直线插补、圆弧插补、极坐标插补、圆柱面插补、螺旋线插补等功能，支持旋转、缩放、镜像、固定循环、螺纹切削、刀具补偿、用户宏程序、软限位等功能。

- 支持龙门轴同步、动态轴释放/捕获、通道间同步等功能，小线段连续加工功能，特别适合于 CAD/CAM 设计的复杂模具零件加工。

- 采用总线式 PLC EO 单元，输入/输出最多分别支持 4096 点，总线设备间最大距离可达 50m。

2) HNC-818D 系统特点

- 基于成熟的华中 8 型数控系统平台，产品稳定可靠，属 8 型系列数控装置的中高端产品。采用模块化、开放式的体系结构，可配置多种 IPC 单元。

- 采用全铝合金面板，造型简洁大方，具有深、浅两种配色方案。硬件平台升级，整体硬件性能提升 50%。

- 采用组合式水晶按键，可做客制化的按键定义；也可提供面板总线转接板，支持第三方的 MCP12.1 寸全触摸显示屏，操作便捷。可支持 NCUC 和 EtherCAT 两种总线。

　　• 具有高速高精、多轴多通道、车铣复合控制、云数控、五轴加工等控制功能，具有极高的性价比。

　　（2）华中 HNC-818 系统主机面板

　　1）主机面板（NC 面板）

　　华中 HNC-818D 车削系统主机面板为 10.4 寸彩色液晶显示器（分辨率为 800×600），面板划分为 8 个区域，如图 3.2 所示。

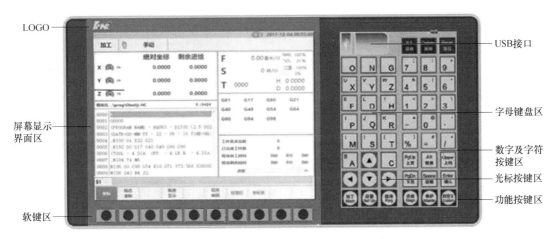

图 3.2　华中 HNC-818D 车削系统主机面板

　　对于图 3.2 中的屏幕显示界面又划分为 8 个区域，如图 3.3 所示，每个区域代表的内容信息不相同，具体如下。

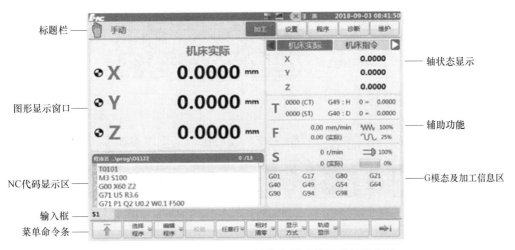

图 3.3　华中 HNC-818D 数控车削系统屏幕显示界面

　　① 标题栏：显示的内容信息如下所示。

　　• 加工方式：系统工作方式根据机床控制面板上相应按键的状态，可在自动（运行）、单段（运行）、手动（运行）、增量（运行）、回零、急停等方式之间切换；

　　• 系统报警信息；

　　• 0 级主菜单名：显示当前激活的主菜单按键；

- U 盘连接情况和网络连接情况；
- 系统标志，时间。

② 图形显示窗口：这块区域显示的画面，根据所选菜单项的不同而不同。

③ NC 代码显示区：预览或显示加工程序的代码。

④ 输入框：在该栏键入需要输入的信息。

⑤ 菜单命令条：通过菜单命令条中对应的功能键来完成系统功能的操作。

⑥ 轴状态显示：显示轴的坐标位置、脉冲值、断点位置、补偿值、负载电流等。

⑦ 辅助功能：T/F/S 信息区。

⑧ G 模态及加工信息区：显示加工过程中的 G 模态及加工信息。

2）主机面板按键及功能

华中 HNC-818 数控车削系统主机面板按键包括 MDI 键盘区、功能按键区、软键区，如图 3.4 所示。

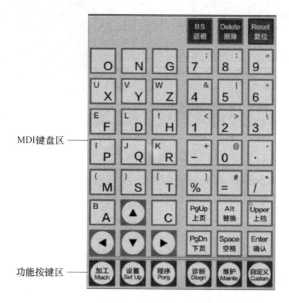

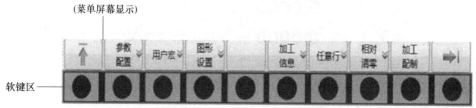

图 3.4　华中 HNC-818 数控车削系统主机面板按键

① MDI 键盘区功能：通过该键盘，实现命令输入及编辑。其大部分键具有上档键功能，同时按下"上档"键和字母/数字键，输入的是上档键的字母/数字。

② 功能按键区功能：HNC-818 系统有"加工""设置""程序""诊断""维护""自定义"等 6 个功能按键，各功能按键可选择对应的功能集，以及对应的菜单屏幕显示界面。

③ 软键区功能：HNC-818 系统屏幕下方有 10 个软键，该类键上无固定标志。其中左、右两端键分别为返回上级或继续下级菜单键，其余为功能软键。各软键功能对应为其上方屏幕的显示菜单，随着菜单变化，其功能也不相同。表 3.1 所示为主机面板按键功能。

表 3.1 主机面板按键及功能

按键	名称/符号	功能说明
	字符键(字母、数字、符号)/「"字母"」(如[Y])	输入字母、数字和符号。每个键有上下两档,当按下"上档键"的同时,再按下"字符键",输入上面的字符,否则输入下面的字符
	光标移动键/「光标」	控制光标左右、上下移动
	程序名符号键/「%」	其下档键为主、子程序的程序名符号
BS 退格	退格键/「退格」	向前删除字符等
Delete 删除	删除键/「删除」	删除当前程序、字符等
Reset 复位	复位键/「复位」	CNC 复位,进给、输入停止等
Alt 替换	替换键/「Alt」	当使用「Alt」+「光标」时,可切换屏幕界面右上角的显示框(位置、补偿、电流等)内容。 当使用「Alt」+「P」时,可实现截图操作
Upper 上档	上档键/「上档」	使用双地址按键时,切换上、下档按键功能。同时按下上档键和双地址键时,上档键有效
Space 空格	空格键/「空格」	向后空一格操作
Enter 确认	确认键/「Enter」	输入打开及确认输入
PgUp 上页 PgDn 下页	翻页键/「翻页」	同一显示界面时,上下页面的切换
	功能按键/〖加工〗〖设置〗〖程序〗〖诊断〗〖维护〗〖自定义〗	加工:选择自动加工操作所需的功能集,以及对应界面; 设置:选择刀具设置相关的操作功能集,以及对应界面; 程序:选择用户程序管理功能集,以及对应界面; 诊断:选择故障诊断、性能调试、智能化功能集和对应界面; 维护:选择硬件设置、参数设置、系统升级、基本信息、数据管理等维护相关功能,以及对应界面; 自定义:选手动数据输入操作的相关功能,以及对应界面

续表

按键	名称/符号	功能说明
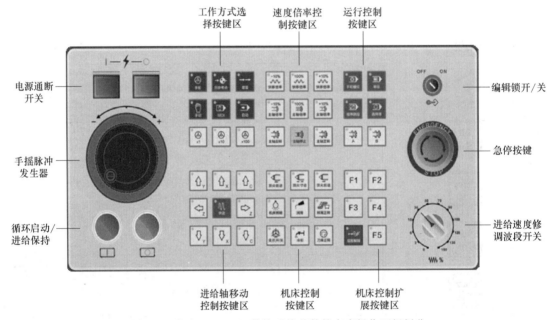	软键/ 『↑』 『⇨』 『"功能"』	主机面板下方的 10 个无标识按键即为软键。在不同功能集或层级时,其功能对应为屏幕上方显示。软键的主要功能如下: • 在当前功能集中进行子界面切换; • 在当前功能集中,实现对应的操作输入,如编辑、修改、数据输入等。 软键中最左端按键为返回上级菜单键,箭头为蓝色时有效,功能集一级菜单时箭头为灰色。 软键中最右端按键为继续下级菜单键,箭头为蓝色时有效。当按下该键,在同一级菜单中界面循环切换

3.2.2　配华中 HNC-818 系统的数控车床操作面板及有关操作

(1) 机床操作面板（MCP 面板）

华中 HNC-818 数控系统的数控车床操作面板如图 3.5 所示,包括各区域的划分及所对应的功能。

图 3.5　华中 HNC-818 数控系统的数控车床操作面板划分

华中 HNC-818 数控车削系统的机床操作面板中各功能键说明,如表 3.2 所示。

表 3.2　机床操作面板各功能键说明

按键	名称/符号	功能说明	有效时工作方式
手轮	手轮工作方式键 /【手轮】	选择手轮工作方式	手轮
回参考点	回零工作方式键 /【回零】	选择回零工作方式键	回零

续表

按键	名称/符号	功能说明	有效时工作方式
增量	增量工作方式键 /【增量】	选择增量工作方式	增量
手动	手动工作方式键 /【手动】	选择手动工作方式	手动
MDI	MDI工作方式键 /【MDI】	选择MDI工作方式	MDI
自动	自动工作方式键 【自动】	选择自动工作方式	自动
单段	单段开关键 /【单段】	逐段运行或连续运行程序的切换；单段有效时，指示灯亮	自动、MDI （含单段）
手轮模拟	手轮模拟开关键 /［手轮模拟］	手轮模拟功能是否开启的切换；该功能开启时，可通过手轮控制刀具按程序轨迹运行。正向摇手轮时，继续运行后面的程序；反向摇手轮时，反向回退已运行的程序	自动、MDI （含单段）
程序跳段	程序跳段开关键 /［程序跳段］	程序段首标有"/"符号时，该程序段是否跳过的切换	自动、MDI （含单段）
选择停	选择停开关键 /［选择停］	程序运行到"M00"指令时，是否停止的切换；若程序运行前已按下该键（指示灯亮），当程序运行到"M00"指令时，则进给保持，再按循环启动键才可继续运行后面的程序；若没有，按下该键，则连贯运行该程序	自动、MDI （含单段）
超程解除	超程解除键 /［超程解除］	取消机床限位；按住该键可解除报警，并可运行机床	手轮、手动、增量
●	循环启动键 /［循环启动］	程序、MDI指令运行启动	自动、MDI （含单段）
●	进给保持键 /［进给保持］	程序、MDI指令运行暂停	自动、MDI （含单段）
x1 x10 x100	增量/手轮倍率键 /［增量倍率］	手轮每转1格或"手动控制轴进给键"；每按1次，则机床移动距离对应为0.001mm/0.01mm/0.1mm	手轮、增量、手动、回零、自动、MDI（含单段、手轮模拟）
-10% 100% +10% 快移倍率 快移倍率 快移倍率	快移速度修调键 /［快移修调］	快移速度的修调	

按键	名称/符号	功能说明	有效时工作方式
−10% 主轴倍率　100% 主轴倍率　+10% 主轴倍率	主轴倍率键 /[主轴倍率]	主轴速度的修调	手轮、增量、手动、回零、自动、MDI（含单段、手轮模拟）
主轴反转　主轴停止　主轴正转	主轴控制键 /[主轴正/反转]	主轴正转、反转、停止运行控制	手轮、增量、手动、MDI（含单段、手轮模拟）
A　B	动力头控制键 /[动力头]	动力头正、反转控制；按下该键，切换动力头旋转/停	
Y↑ X↑ C↑ ←Z 快进 Z→ Y↓ X↓ C↓	手动控制轴进给键 /[轴进给]	手动或增量工作方式下，控制各轴的移动及方向；手轮工作方式时，选择手轮控制轴；手动工作方式下，分别按下各轴时，该轴按工进速度运行，当同时还按下"快移"键时，该轴按快移速度运行	手轮、增量、手动
顶尖前进 顶尖寸动 顶尖后退 机床照明 润滑 排屑正转 夹爪开/关 冷却 刀库正转	机床控制按键 /[机床控制]	手动控制机床的各种辅助动作	顶尖前进、寸动、后退；夹爪开/关；刀库正转 —— 手轮、增量、手动（且主轴停转） 机床照明；润滑；排屑正转；冷却 —— 手轮、增量、手动、回零、自动、MDI（含单段、手轮模拟）
F1 F2 F3 F4 F5	机床控制扩展按键 /[机床控制]	手动控制机床的各种辅助动作	机床厂家根据需要设定
（钥匙开关图标）	程序保护开关 /[程序保护]	保护程序不被随意修改	手轮、增量、手动、回零、自动、MDI（含单段、手轮模拟）
EMERGENCY STOP（急停按钮图标）	急停键 /[急停]	紧急情况下，使系统和机床立即进入停止状态，所有输出全部关闭	
50 70 30 90 10 100 6 120 2 130 0 150 ∿∿∿ %	进给倍率旋钮 /[进给倍率]	进给速度修调	自动、MDI、手动
（手轮图标）	手轮 /[手轮]	控制机床运动（当手轮模拟功能有效时，其还可以控制机床按程序轨迹运行）	手轮

按键	名称/符号	功能说明	有效时工作方式
	系统电源开 /［电源开］	控制数控装置上电	手轮、增量、手动、回零、自动、MDI（含单段、手轮模拟）
	系统电源关 /［电源关］	控制数控装置断电	

(2) 零件加工程序的编辑与管理

1）零件程序的目录显示

在操作菜单上选择"零件程序"的软体键，则在下拉菜单中显示：F2"程序编辑"。F6"程序目录"。选择 F6 键，在屏幕上显示系统中所有零件程序的文件名、大小、编辑时间，如果一屏显示不下，则可用"PAGEUP"和"PAGEDOWN"上下翻页，查看其余的文件相关信息。选择 F2 键，则选择了零件程序的编辑功能。

2）零件程序的编辑

"程序编辑"下拉菜单包括：程序调入、编辑和修改、程序存储、删除一行等功能。其操作步骤如下：

① 如屏幕上显示主菜单，按"F1"键，进入第一级菜单；

② 选择 F5"零件程序"，进入第二级菜单。

③ 按 F2"程序编辑"，显示如下功能。

a. 程序调入：缺省值为上一次编辑的文本文件或自动运行的文件，如用户要选择已存在的程序，则请用 F4"打开程序"，在菜单的上面有提示信息"请输入：＊＊＊"，请在光标处输入需要编辑的文件名，回车；如要编辑新程序，则输入内存中不存在的文件名，回车即可。

b. 编辑和修改：在程序调入后，可以方便地进行编辑和修改。

c. 程序存储：将生成的或编辑修改的程序存入磁盘中。

d. 删除一行：选择 F10"删除一行"，则将光标所在位置的程序段删除。

3）程序文件的拷贝、删除

① 程序的复制：选择 F6"程序拷贝"，在菜单的上方有提示信息"源文件、目标文件"，按任意键，提示"请输入：＊＊＊"，如将 O1000 复制为 O1010，输入"O1000 O1010"，然后按回车键，复制完成，如果硬盘中无该文件，则提示出错信息。

② 读入软盘中的内容：选择 F6"程序拷贝"，在菜单的上方有提示信息"源文件、目标文件"，按任意键，提示"请输入：＊＊＊"，如将 O1000 文件拷贝到硬盘中，输入"O1000　C：O1000"，然后按回车键，拷贝完成。如果软盘中无该文件或软盘没有准备好，则提示出错信息。

③ 写软盘操作：选择 F6"程序拷贝"，在菜单的上方有提示信息"源文件、目标文件"，按任意键，提示"请输入：＊＊＊"，如将硬盘中的 O1000 文件拷贝到软盘中，输入"O1000　O1000"，然后按回车键，拷贝完成。如果硬盘中无该文件或软盘没有准备好，则提示出错信息。

④ 文件的删除：选择 F9"删除文件"，在菜单的上方有提示信息，提示"请输入：＊＊＊"，如将硬盘中的 O1000 文件删除，输入"O1000"，然后按回车键，删除完成。如果硬盘中无该文

件，则提示出错信息。

4）程序编辑的退出

选择"F1"键，系统退出编辑，返回上一级菜单，同时将编辑的文件内容自动保存。

（3）刀具偏置的设定和显示

一般情况下，刀具参数的设定是在手动方式下进行的，操作步骤为：

① 在菜单中，选择刀具参数项，从下拉菜单中选择"刀具偏置"功能项。

② 从显示屏幕上输入对应刀具的刀具偏置值。

③ 刀具偏置数据的输入。选择刀具编号，通过光标（↑↓）上下移动，选择所需的编号，如本屏没有，则通过"PAGE UP"和"PAGE DOWN"键选择；在参数显示左下端光标闪烁处输入数据，如 ΔX，将参数显示处的光标用方向键（← →）移至 X 下方，按回车键，即输入指定位置，ΔZ 输入方式相同。

④ 刀具偏置设置的退出。按（F1▲）键，即退出刀具偏置的设定，并且将所有的参数存储到硬盘中。

⑤ 刀偏数据的测量方法如下所述。

方法 1：

a. 系统在手动方式下，用基准刀对准工件的一基准点，如图 3.6 中的 A 点；

b. 按 F7"X 轴清零"，则屏幕上显示的 X 轴坐标清零；按 F9"Z 轴清零"，则屏幕上显示的 Z 轴坐标清零；

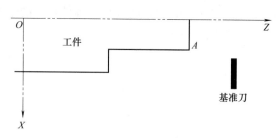

图 3.6 刀偏数据测量

c. 采用点动方式，使刀具退出；

d. 选择刀号，手动换刀，点动方式，使该刀刀尖对准该基准点 A，这时屏幕上显示的 X、Z 值就是该刀与基准刀之间的偏置值 ΔX、ΔZ。

方法 2：

a. 系统在点动方式下，用基准刀切削工件外径；

b. 点动方式使刀具沿 Z 轴离开工件，主轴停止，测量外径大小，记录为 D_1，并记下屏幕上显示的 X 轴坐标显示值，记为 X_1；

c. 用基准刀切削工件端面，点动方式使刀具沿 X 轴离开工件，主轴停止，测量该端面与某一基准面之间的距离，记录为 L_1，并记下屏幕上显示的 Z 轴坐标显示值，记为 Z_1；

d. 退刀，选择所需的刀号，手动换刀，重复步骤 a、b、c 得到 D_2，X_2，L_2，Z_2；

e. 计算刀偏。

如系统设置为直径编程，则：

$$\Delta X = X_2 - X_1 - (D_2 - D_1) \tag{3.1}$$
$$\Delta Z = Z_2 - Z_1 - (L_2 - L_1) \tag{3.2}$$

如系统设置为半径编程，则：

$$\Delta X = X_2 - X_1 - (D_2 - D_1)/2 \tag{3.3}$$
$$\Delta Z = Z_2 - Z_1 - (L_2 - L_1) \tag{3.4}$$

（4）HNC-818 数控系统 PLC 功能

采用内装 PLC，用来控制机床的顺序动作。选择"PLC 功能"，屏幕提供以下内容：PLC 状态、T 图显示、PLC 编辑、PLC 生成、PLC 解释、T 图生成和删除一行等。

① PLC 状态显示。选择 "PLC 状态"，则在屏幕上显示 PLC 所有寄存器的位信息，可测试 PLC 状态："红" 块，表示该位 ON；"蓝" 块，表示该位 OFF；按 "F1" 退出该功能。

② PLC 的测试。选择 "T 图显示"，则在屏幕上显示 PLC 的 T 图和开关动作信息，可测试 PLC。

③ PLC 编辑。选择 "PLC 编辑"，进入全屏幕编辑，可进行 PLC 语句的输入，输入完毕，按 "F1" 退出，并将所编辑的内容保存。

④ PLC 解释。选择 "PLC 解释"，将 PLC 语句解释为 CNC 系统可执行的代码，如语句有错误，则在信息提示行显示错误的总数及行号。如果 PLC 语句有修改，要使之有效，必须进行解释，然后系统断电后重新上电才有效。

⑤ T 图生成。选择 "T 图生成"，选择该功能前必须进行 "PLC 解释"，并保证无语法错误，才可进行 "T 图生成"，否则将导致系统故障。

(5) 数控车床操作

1）HNC-818D 数控系统启动

启动原则是先开强电，再开弱电，其具体步骤如下：

① 合上电源开关，合上电柜空气开关；

② 开操作面板上的电源开关；

③ 开计算机电源开关，进入 Windows 操作系统环境；

④ 执行 HNC-818 数控系统。

华中 HNC-818D 数控系统启动后，屏幕显示界面如图 3.3 所示。

2）关机顺序

原则是先关弱电，再关强电，中间一般不进行该步骤。具体步骤如下：

① 按 "ESC" 键退出 CNC 操作系统；

② 关闭计算机电源；

③ 关闭操作面板上 NC 电源钥匙开关；

④ 拉下电气柜空气开关；

⑤ 关闭总电源开关（由实习老师完成）。

3.2.3 华中 HNC-818 车削系统编程及加工实例

(1) 程序编制的一般方法和步骤

程序编制是编程员根据零件图确定该零件的加工工艺，将零件加工的工艺过程、工艺参数、加工路线以及加工中需要的辅助动作，如换刀、冷却、夹紧等，按照加工顺序和所用 CNC 机床规定的指令代码及程序格式，编制成加工程序单；再将程序单中的全部内容输入数控装置中，从而使 CNC 机床按程序单中内容进行加工。

程序编制及加工的一般方法和步骤，如图 3.7 所示。

(2) 华中 HNC-818（T）车削系统常用 G 指令

华中 HNC-818（T）车削系统常用 G 指令如表 3.3 所示。

(3) 复合轴数控车削实例

1）实习目的

通过对典型复合轴工件的实际编程及加工，初步掌握经济型数控车床 CJK6032 的基本结构、工作原理和加工范围，熟悉其编程过程及具体操作步骤。

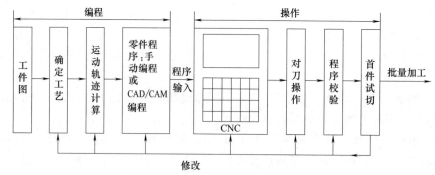

图 3.7 编制程序的方法和步骤

表 3.3 HCN-818 型系统常用 G 指令代码

G 代码	组	功 能	G 代码	组	功 能
G00	01	快速点定位	G58	11	选择工件坐标系 5
G01		直线插补	G59		选择工件坐标系 6
G02		顺圆插补	G65	00	宏程序调用
G03		逆圆插补	G66	12	宏程序模态调用
G04	00	暂停	G67		宏程序模态调用取消
G20	06	英寸输入	G71	00	外径/内径车削复合循环
G21		毫米输入	G72		端面车削复合循环
G28	00	返回参考点	G73		闭环车削复合循环
G29		由参考点返回	G76		螺纹切削复合循环
G32	01	螺纹切削	G80	06	内/外径车削固定循环
G40	07	刀尖半径补偿取消	G81		端面车削固定循环
G41		刀尖半径补偿左	G82		螺纹切削固定循环
G42		刀尖半径补偿右	G90	03	绝对值编程
G52	00	局部坐标系设定	G91		增量值编程
G54	11	选择工件坐标系 1	G92	00	工件坐标系指定
G55		选择工件坐标系 2	G94	01	每分进给
G56		选择工件坐标系 3	G95		每转进给
G57		选择工件坐标系 4			

2）实习要求

本实习以数控车削复合轴为例，在配有华中 HNC-818 数控系统的数控车床上，用 ϕ32mm 的尼龙棒料，加工出尺寸如图 3.8 所示的零件。

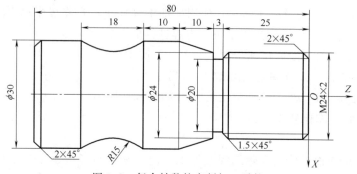

图 3.8 复合轴数控车削加工零件

3) 数控加工工艺路线及工艺参数的设定

① 根据图纸要求按先主后次的加工原则，确定如下工艺路线。

a. 先从右向左切削外轮廓面：倒角—切削螺纹的实际外圆—切削锥度部分—车削圆柱部分；

b. 切 $3 \times \phi 20$mm 的槽并倒 1.5mm$\times 45°$角；

c. 车 M24 的螺纹；

d. 车削 $R15$mm 的圆弧。

② 建立工件坐标系：以 O 为编程原点，以复合轴径向为 X 轴，轴向为 Z 轴建立工件坐标系。

③ 选择刀具及换刀点：根据加工要求，选择四把刀：♯1 为切槽刀、♯2 为外螺纹车刀、♯3 为圆弧车刀、♯4 为 90°偏刀。

在绘制刀具布置图时，要正确选择换刀点，以避免换刀时刀具与机床、工件及夹具发生干涉现象，加工本零件时，换刀点选为（70，30）。

④ 分析该零件材料及型面结构，确定加工工艺参数如表 3.4。

表 3.4 复合轴零件加工工艺参数的确定

切削用量切削表面	主轴转速/(r/min)	进给速度/(mm/r)
车外圆	630	0.3
切槽	315	0.05
车螺纹	200	1
车圆弧	630	0.3

4) 编制零件加工程序

① 数学处理。计算各基点在设定的工件坐标系中的坐标值。

② 编制程序如下：

```
% O0004
N10 G92 X70 Z30;
N20 M06 T0404;
N30 M03;
N40 G00 G90 X32 Z2;
N50 G71 U0.5 R0.5 P60 Q100 X0.4 Z0.2 F200;
N60 G00 X20 Z2;
N65 G01 X20 Z0 F100;
N70 G01 X24 Z-2 F100;
N80 X24 Z-28;
N90 X30 Z-38;
N100 X30 Z-83;
N110 G00 X70 Z30;
N130 T0400;
N140 M06 T0101;
N150 G00 X26 Z-28;
N160 G01 X20 F150;
```

```
N170 G04 X2;
N180 G00 X26;
N190 X24 Z-26.5;
N200 G01 X21 Z-28;
N210 G00 X26;
N220 G00 X70 Z30;
N230 T0100;
N240 M06 T0202;
N250 G00 X30 Z2;
N260 G82 X23 Z-26.5 F2;
N270 G82 X22 Z-26.5 F2;
N280 G82 X21.4 Z-26.5 F2;
N290 G82 X21.4 Z-26.5 F2;
N300 G00 X70 Z30;
N310 T0200;
N320 M06 T0303;
N330 G00 X36 Z-48;
N340 M98 P0009 L6;
N350 G00 G90 X70 Z30;
N360 T0300;
N370 M06 T0101;
N380 G00 X32 Z-83;
N390 G01 X25 F150;
N400 G00 X32;
N410 X30 Z-81;
N420 G01 X26 Z-83 F150;
N430 X0;
N440 G00 X70 Z30;
N450 T0100;
N460 M05;
N470 M02;
% O0009;
N10 G01 G91 X-1 F200;
N20 G02 X0 Z-18 R15;
N30 G00 Z18;
N40 M99;
```

5）实习操作步骤

① 装夹工件：将准备好的棒料装夹到车床卡盘上。

② 数控车床系统启动：按已介绍的方法进行（若系统已启动，则此步不进行）。

③ 输入零件数据加工程序：按已介绍的方法编辑新程序。

④ 对刀及刀具偏置的设定：按已介绍的内容进行（若刀具系统已调试好，则此步不进行）。

⑤ 程序校验：在自动运行方式下，将"机床锁住"键按下，"循环启动"执行，观测刀具相对于工件的运动轨迹是否正确。若程序中有语法错误，则应先修改错误之后，才能进行程序校验。

⑥ 切削加工：在加工操作过程中，要始终观察加工过程（严禁负责操作的学员离开操作区域或干其他工作），若出现刀具碰撞主轴卡盘等异常情况，应立即按下"急停"按钮。操作期间，严禁非本次操作的其他学员按动计算机键盘或机床操作面板上的按键。

⑦ 零件测量检验：正确使用量具，检验零件是否合格。

⑧ 关机：按已介绍的内容进行，未结束实习时，一般不进行该项操作。

⑨ 机床维护与卫生：在每班的操作期间，要注意车床移动部件和主轴的润滑。车床移动部件（溜板、刀架、导轨等）的润滑，用喷油枪喷射润滑油1次/班。主轴的润滑，要观察主轴上的油标中是否有油（若无油，须报告实习老师）。实习结束后，要打扫机床及实习场地卫生。

3.3 FANUC 0i mate-TB 数控车削系统与加工

3.3.1 FANUC 0i mate-TB 数控车削系统

FANUC 0i 系列目前在国内已成为主流产品，各机床生产厂家已大量采用。FANUC 0i 系统由主板和 I/O 两个模块构成。主板模块包括主 CPU、内存、PMC 控制、I/O Link 控制、伺服控制、主轴控制、内存卡 I/F、LED 显示等；I/O 模块包括电源、I/O 接口、通信接口、MDI 控制、显示控制、手摇脉冲发生器控制和高速串行总线等。FANUC 0i mate 表示经济型，TB 中的 T 为车削系统（M 表示铣削系统）、B 为版本。

(1) CRT-MDI 面板简介

FANUC 0i mate-TB 的 CRT-MDI 面板由 CRT 显示屏、MDI 键盘两部分组成，如图 3.9 所示，各组成单元功能如下所述。

1）CRT 显示屏

主要用来显示各功能画面信息，在不同的功能状态下，它显示的内容也不相同。在显示屏下方，有一排功能软键，通过它们可在不同的功能画面之间切换，显示用户所需要的信息。

2）MDI 键盘

FANUC 0i mate-TB 数控车削系统 MDI 键盘如图 3.10 所示，各键的功能如下。

- 地址/数字键：按这些键可输入字母、数字以及其他字符。
- POS：按此键显示位置画面。
- PROG：按此键显示程序画面。
- OFFSET/SETTING：按此键显示偏置/设置画面。
- SYSTEM：按此键显示系统画面。

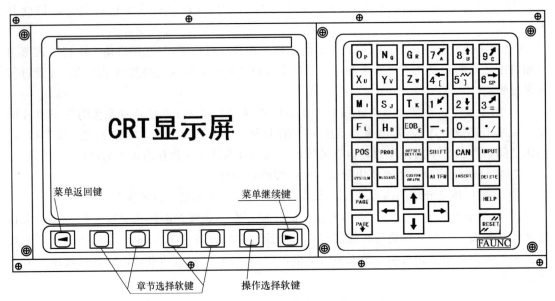

菜单返回键　　　　　　　　　　　　菜单继续键

章节选择软键　　　　操作选择软键

图 3.9　FANUC 0i mate-TB 数控车削系统 CRT-MDI 面板

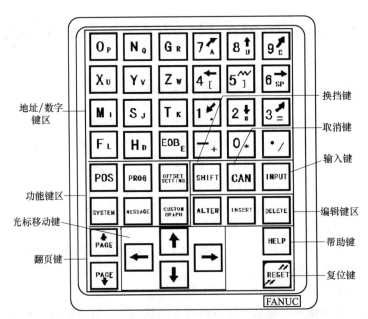

地址/数字
键区

功能键区

光标移动键

翻页键

换挡键

取消键

输入键

编辑键区

帮助键

复位键

图 3.10　FANUC 0i mate-TB 数控车削系统 MDI 键盘

- MESSAGE：按此键显示信息画面。
- GRAPH：按此键显示图形画面。
- CUSTOM：按此键显示用户宏画面。
- 光标移动键：用于在屏幕上移动光标。
- 翻页键（PAGE UP/DOWN）：用于将屏幕显示内容朝前或朝后翻一页。
- 换挡键（SHIFT）：当要输入地址/数字键中右下角字符时用此键。
- 取消键（CAN）：按此键可删除已输入键的输入缓冲器的最后一个字符。
- 输入键（INPUT）：当要把键入输入缓冲器中的数据拷贝到寄存器时，按此键。

- 编辑键：用于程序编辑。ALTER：替换；INSERT：插入；DELETE：删除。
- 帮助键（HELP）：按此键用来显示如何操作机床的信息画面。
- 复位键（RESET）：按此键可使 CNC 复位，消除报警等。

（2）FANUC 0i Mate-TB 的基本功能及常用代码

1）基本功能

该数控系统的进给轴能实现两轴联动，能进行直线插补、圆弧插补、固定加工循环、坐标轴设定、DNC 运行等一系列操作以及编程，以满足各零件数控加工的需要。

2）辅助功能代码

该数控系统的 M 功能代码及其含义见表 3.5。

表 3.5 FANUC 0i Mate-TB 系统 M 功能代码

代码	含义	代码	含义	代码	含义
M00	程序暂停	M01	程序选择停	M02	程序结束
M03	主轴正转	M04	主轴反转	M05	主轴停止
M08	冷却液开	M09	冷却液关	M13	主轴正转开主冷却液
M14	主轴反转开主冷却液	M30	程序结束并返回程序头	M31	主轴低挡确认
M32	主轴高挡确认	M98	调用子程序	M99	返回主程序

3）FANUC 0i Mate-TB 常用 G 代码

该数控系统常用 G 代码（系统 A）见表 3.6。

表 3.6 FANUC 0i Mate-TB 系统常用 G 代码及其功能

G 代码	组	功能	G 代码	组	功能	G 代码	组	功能
G00	01	快速定位	G32	01	螺纹功能	G65	00	宏程序调用
G01		直线插补	G34		变螺距螺纹切削	G66	12	宏程序模态调用
G02		顺圆插补	G40	07	刀尖半径补偿取消	G67		宏程序模态调用取消
G03		逆圆插补	G41		刀尖半径左补偿	G70	00	精加工循环
G04		暂停	G42		刀尖半径右补偿	G71		粗车外圆循环
G10		可编程数据输入	G50	00	坐标系设定或最大主轴速度设定	G72		粗车端面循环
G11		可编程数据输入方式取消				G73		多重车削循环
						G74		排屑钻端面孔
G18	16	$Z_p X_p$ 平面选择	G50.3		工件坐标系预置	G75		外径/内径钻孔
G20	06	英寸输入	G52		局部坐标系设定	G76		多头螺纹循环
G21		毫米输入	G53		机床坐标系设定	G90	01	外径/内径车削循环
G22	09	存储行程检查接通	G54	14	选择工件坐标系 1	G92		螺纹切削循环
G23		存储行程检查断开	G55		选择工件坐标系 2	G94		端面车削循环
G27	00	返回参考点检查	G56		选择工件坐标系 3	G96	02	恒表面切削速度控制
G28		返回参考点	G57		选择工件坐标系 4	G97		恒表面切削速度控制切削
G30		返回第 2、3、4 参考点	G58		选择工件坐标系 5	G98	05	每分进给
G31		跳转功能	G59		选择工件坐标系 6	G99		每转进给

（3）数控车削系统"功能键"菜单操作

1）菜单操作方法

在 MDI 键盘上按"功能键",属于选择功能的"章节选择"软键出现(在 CRT 屏幕下方)。按其中一个"章节选择"软键,与所选的章相对应的画面出现;如果目标章的软键未显示,则按"继续菜单键";当目标章画面显示时,按"操作选择软键"显示被处理的数据;为了重新显示"章选择软键",按"返回菜单键"。

2)"功能键"菜单的常用选项

常用菜单选项(仅介绍一级菜单)见表 3.7。

表 3.7 "功能键"菜单的常用选项功能简介

功能键	系统工作方式	章节菜单选项	解
POS(位置)	任何工作方式	绝对	绝对坐标显示
		相对	相对坐标显示
		综合	绝对、相对、机械坐标同时显示
		HNDL	手轮中断
PROG(程序)	自动、DNC	程式	程序显示画面
		检视	程序检查显示画面
		现单节	当前程序段显示画面
		次单节	下一个程序段显示画面
		再开▶	程序再启动显示画面
		DIR▶	显示文件目录画面
	EDIT	程式	程序显示画面
		DIR	显示程序目录画面
	MDI	程式	程序显示画面
		MDI	程序输入画面
		现单节	当前程序段显示画面
		次单节	下一个程序段显示画面
		再开▶	程序再启动显示画面
	手轮、手动、步进、回参考点	程式	程序显示画面
		现单节	当前程序段显示画面
		次单节	下一个程序段显示画面
		再开▶	程序再启动显示画面
OFFSET/SETTING(偏值/设定)	任何工作方式	补正	刀具偏值
		SETTING	设定
		坐标系	工件坐标系
		MACRO▶	宏变量画面
SYSTEM(系统)	任何工作方式	参数	系统参数
		诊断	故障诊断
		SYSTEM	系统配置
MESSAGE(信息)	任何工作方式	ALARM	报警显示
		MESSAGE	信息画面
		过程	报警履历

续表

功能键	系统工作方式	章节菜单选项	解
HELP(帮助)	任何工作方式	ALARM	详细报警画面
		OPERAT	操作方法
		PARAM	参数表画面
GRAPH(图形)	任何工作方式	参数	图形参数设定
		图形	刀具轨迹显示
		扩大	图形放大或缩小

注 "▶"表示需按菜单扩展键才显示的菜单。

3.3.2　配 FANUC 0i mate-TB 系统的数控车床操作面板及有关操作

(1) 配 FANUC 系统的数控车床操作面板

操作面板如图 3.11 所示，各按键功能见表 3.8。

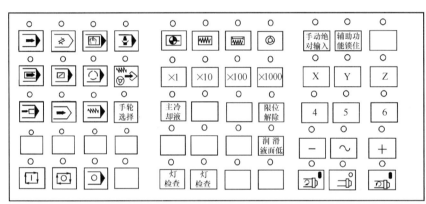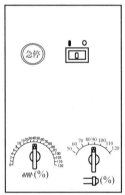

图 3.11　CK6132A 的操作面板

表 3.8　CK6132A 操作面板的按键功能

按键	功能	按键	功能	按键	功能
	自动运行方式		程序编辑方式		MDI 方式
	DNC 运行方式		手动回参考点		手动运行方式
	手动增量方式		手轮方式	手动绝对输入	手动绝对输入
辅助功能锁住	机床辅助功能锁住		程序单段		跳选程序段
	M01 选择停止		手轮示教方式	×1	倍率 0.001

按键	功能	按键	功能	按键	功能
×10	倍率 0.01	×100	倍率 0.1	×1000	倍率 1
X	X 轴	Z	Z 轴	 ▶	程序再启动
 ▶	进给锁住运行	 ⋙▶	空运行	手轮选择	手轮方式选择
主冷却液	冷却液电机开关	限位解除	超程解除	润滑液面低	润滑液面低报警指示
—	坐标轴负向	∿	快速进给	+	坐标轴正向
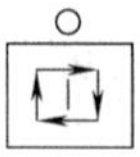 ↻	循环启动	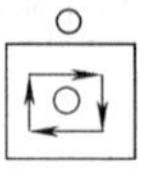 ↺	进给保持	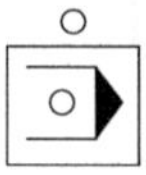 ▶	M00 程序停止
灯检查	维修灯检查	 ⊐	主轴正转	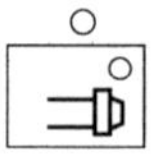 ⊐	主轴停
 ⊐	主轴反转	急停	机床急停	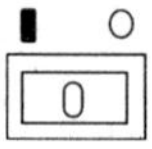 0	程序写保护
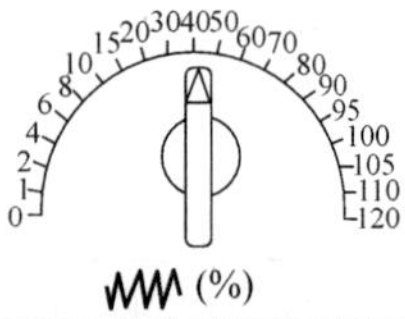 进给修调 (%)	进给修调		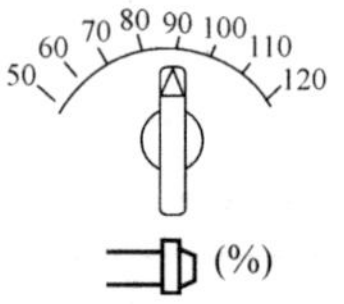	主轴转速修调 (%)	主轴转速修调

(2) 配 FANUC 系统的数控车床操作

1) 机床的开启与关机

开机的具体步骤如下：

① 打开机床主机上强电控制柜开关；

② 在确认急停按钮处于急停状态下时，开启数控系统；

③ 解除急停按钮，稍待片刻（约 3s），再按系统复位键；

④ 进行返回参考点操作后，即可进行机床的正常操作。

关机的具体步骤如下：

① 检查操作面板上循环启动的指示灯 LED，循环启动应在停止状态；

② 检查 CNC 机床的所有可移动部件都处于停止状态；

③ 关闭与数控系统相连的外部输入/输出设备；

④ 按下急停按钮，关闭数控系统；

⑤ 关闭机床主机电源。

2）手动操作

① 手动返回参考点：按机床操作面板上的"回参考点"键，选择"回参考点"工作方式→进给修调开关打至中挡→选坐标轴 X →按方向键"＋"→ X 轴即返回参考点，对应的 LED 将闪烁；选坐标轴 Z →按方向键"＋"→ Z 轴即返回参考点，对应的 LED 将闪烁。

注意：机床回参考点前，必须先将刀架、尾座移至安全位置，以防刀架与工件或尾座发生干涉。

② 手动连续进给（JOG）：按机床操作面板上的"手动"键→调整进给修调开关，选择合理的进给速度→根据需要选相应的坐标轴（ X 或 Z ）→按住方向键"＋"或"－"不放→机床将在对应的坐标轴和方向上产生连续移动；在按某一方向键的同时，按下"快移键"，机床将在对应方向上产生快速移动，其速度亦可通过进给修调开关调整。

③ 增量进给：按机床操作面板上的"增量"键，选择"增量进给"工作方式→选取所需的增量倍率（×1、×10、×100 或×1000）→选择坐标轴（ X 或 Z ）→按方向键"＋"或"－"，每按一下方向键，刀具将在对应轴向上产生一增量位移，每一步可以是最小输入增量单位的 1 倍、10 倍、100 倍或 1000 倍（即 0.001mm、0.01mm、0.1mm 或 1mm）。

④ 手轮进给：按机床操作面板上的"手轮"键，选择"手轮"工作方式→接通"手轮选择"钮→在手轮进给盒上选择所需的轴（ X 或 Z ）→在手轮进给盒上选取增量倍率单位（×1、×10、×100）→顺时针（正向）或逆时针（负向）旋转手轮→每摇一个刻度，刀具在对应的轴向上移动 0.001、0.01、0.1mm。

说明：机床操作面板上的"手轮选择"钮接通时，手轮进给盒上的轴向和倍率选择有效；机床操作面板上的"手轮选择"钮断开时，机床操作面板上的轴向和倍率选择有效。

3）自动运行

① 程序调入：按机床操作面板上的程序编辑（EDIT）键，选择"程序编辑"工作方式→按 MDI 面板上程序（PROG）键→在 MDI 键盘上输入要调入的程序文件名（O××××）→按 CRT 显示屏下的"O 检索"软键→CRT 显示屏上将显示出调入的程序信息。

② 程序校验：按机床操作面板上的自动运行（AUTO）键，选择"自动运行"工作方式→根据需要按下"程序单段""进给锁住""空运行""辅助功能（MST）锁住"键→按 MDI 键盘上的"图形（GRAPH）"键→按 CRT 显示屏下的"参数"软键，设置合理的图形显示参数→再按"图形"软键，显示屏上将出现一个坐标轴图形→在机床操作面板上选取合理的进给倍率→按机床操作面板上的"循环启动"键，即可进行程序校验，屏幕上将同时绘出刀具运动轨迹。

注意事项：

a. "程序单段""进给锁住""空运行""辅助功能（MST）锁住"，可根据需要单独选取或同时选取；

b. 若选取了"程序单段"，则系统每执行完一个程序段就会暂停，此时必须反复按"循环启动"键；

c. 在程序校验过程中，要预防换刀时刀具与工件或尾座发生干涉；

d. 程序校验完毕，要及时将"进给锁住""空运行"键关闭，并且进行坐标复位，坐标复位操作步骤：依次选择 POS→绝对→操作→▶→WRK—CD→全轴。

③ 自动加工：在"编辑（EDIT）"工作方式下调入程序→系统工作方式打到"自动"→通过校验确认程序准确无误后，选择合理的进给倍率和加工过程显示方式→按下机床操作面

板上的"循环启动"键，即可进行自动加工。

　　说明：加工过程中，可根据需要选择所需的显示方式，如图形（刀具运动轨迹）显示、程序内容显示、坐标位置显示等。其操作方法参见数控系统有关章节。

　　④ 加工过程处理，其具体步骤如下所述。

　　a. 加工暂停：按"进给保持"键暂停执行程序→按"点动"键将系统工作方式切换到"点动"→按"主轴停"可停主轴。

　　b. 加工恢复：在"手动"工作方式下按"主轴正转"键→将工作方式重新切换到"自动"→按"循环启动"键即可恢复自动加工。

　　c. 加工取消：加工过程中若想退出，可按 MDI 键盘上的"复位"（RESET）键退出加工。

　　4）MDI 运行

　　按机床操作面板上"MDI"键，选择"MDI"工作方式→按 MDI 键盘上"程序"（PROG）键→通过 MDI 键盘手工输入若干个程序段（不能超过 10 段，每段结尾输入"；"表示程序段结束，每输入完一个程序段，按 INSERT 键插入）→将光标移至程序头→按机床操作面板上的"循环启动"键，系统即可执行 MDI 程序。

　　5）DNC 运行

　　DNC 加工，也叫在线加工。将机床与计算机或网络联机→按机床操作面板上 DNC 键，选择"DNC"工作方式→按 MDI 面板上"程序"（PROG）键→按机床操作面板上"循环启动"键→光标闪烁等待"QUICK"输出一个程序→在计算机中通过"QUICK"软件将加工程序传输给 CNC→按"循环启动"键，即可进行 DNC 加工。

　　6）程序编辑

　　① 创建新程序：选择"程序编辑"工作方式→按 MDI 键盘上的"程序"（PROG）键→通过 MDI 键盘输入新程序文件名（Oxxxxx）→按 MDI 键盘上的"INSERT"键→通过 MDI 键盘手动输入程序，或通过通信传输传入程序，内容将在 CRT 屏幕上显示出来。

　　② 程序查找：选择"程序编辑"工作方式→按 MDI 键盘上的"程序"（PROG）键→通过 MDI 键盘输入要查找的程序文件名（Oxxxxx）→按 CRT 屏幕下方的"O 检索"软键，屏幕上即可显示要查找的程序内容。

　　③ 程序修改：在"程序编辑"工作方式下调入要修改的程序→使用 MDI 键盘上的光标移动键和翻页键，将光标移至要修改的字符处→通过 MDI 键盘输入要修改的内容→按 MDI 键盘上的程序编辑键"ALTER、INSERT、DELETE"对程序内容进行"替代""插入""删除"等操作。

　　④ 程序删除：在"程序编辑"工作方式下，输入要删除的程序文件名（Oxxxxx）→按 MDI 键盘上的"删除"（DELETE）键，即可删除该程序文件。

　　⑤ 程序中字符的查找：在"程序编辑"工作方式下调入要修改的程序→通过 MDI 键盘输入要查找的字符→按屏幕下方的"检索↑"或"检索↓"软键，即可按要求向上或向下检索到要查找的字符。

　　7）零点偏置的设定

　　零点偏置是指工件坐标系原点在机床坐标系中的位置。以 G54 为例，如图 3.12 所示，将工件右端面的圆心点 O 设为 G54 原点，操作方法如下：

　　① 手动返回参考点；

② 在手轮方式下，用基准刀车削端面 A；

③ 仅仅在 X 轴退刀，不要移动 Z 轴；

④ 按 MDI 键盘上的"OFFSET SETTING"键→按屏幕下方的"坐标系"软键→移动光标键至 G54（零点偏值）设置栏→在 MDI 键盘上输入"Z0"→按屏幕下方的"测量"软键，即可将基准刀当前 Z 向机械坐标值设为 G54 的 Z 向"零点偏值"；

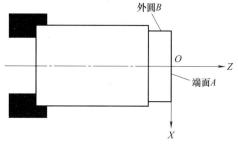

图 3.12 G54 零点偏置设置

⑤ 基准刀车外圆 B；

⑥ 刀具沿 Z 轴方向退出工件，X 向不动，停主轴；

⑦ 测量外圆 B 的直径；

⑧ 按④中所述方法，在 MDI 键盘上输入"X 测量值"→按屏幕上的"测量"软键，即可将工件右端面的圆心点 O 的 X 轴机械坐标值设为 G54 的 X 向"零点偏值"。

至此，就将图中工件右端面的圆心点 O 设为了 G54 的原点。

注意事项：车削端面和外圆时，吃刀量不宜过深，以工件表面见光为准。

8）刀具偏值的测量

假设在四工位刀架上安装四把刀具：$1^{\#}$ 为外圆切槽或切断刀；$2^{\#}$ 为外螺纹车刀；$3^{\#}$ 为圆弧车刀；$4^{\#}$ 为外圆或端面车刀。四把刀具外形如图 3.13 所示。

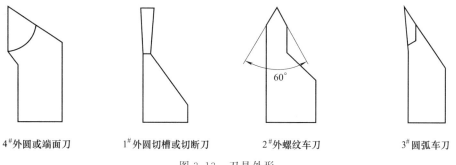

$4^{\#}$外圆或端面刀 $1^{\#}$外圆切槽或切断刀 $2^{\#}$外螺纹车刀 $3^{\#}$圆弧车刀

图 3.13 刀具外形

① 设置 $4^{\#}$ 刀"Z"向刀具偏置。

a. MDI 方式下换 $4^{\#}$ 刀，启动主轴，再按如下操作：

MDI 工作方式 🖱️→ **PROG**（程序）→在 MDI 对话框内输入如下指令：T0404；（";"键为 **EOB**）M32；M03 S600→ **INSERT**（插入）→ 🔄（循环启动）。

b. 手轮方式车端面，按如下操作：

取下手轮→选择手轮工作方式 🖱️→接通手轮手择开关 🔘→摇动手轮车削端面（Z 向吃刀约 1mm，手轮倍率开关打至×10，手轮始终保持连续匀速进给，刀尖不要越过圆心）→沿 +X 退刀（倍率开关可打至×100，不要移动 Z 轴）。

c. 输入 $4^{\#}$ 刀 Z 向刀具偏置，按如下操作：

在 MDI 操作面板上依次选择"OFFSET SETTING"→补正→形状"G"→光标移至"G04"栏内的"Z"上→输入"Z0"→按"测量"软键。

② 设置 $4^{\#}$ 刀的"X"向刀具偏置。

a. 手轮方式车外圆，按如下操作：

摇动手轮车削外圆（手轮倍率开关打至×10，X 方向吃刀约 1～2mm，长约 10mm，）→ +Z 退刀至安全位置（刀架在此处能安全换刀，倍率开关可打至×100，不要移动 X 轴）。

b. 测量外径，按如下操作：

选择手动工作方式▧→停主轴⬚→用游标卡尺测量外径。

c. 输入 4$^\#$ 刀 X 向刀具偏置，按如下操作：

在 MDI 操作面板上依次选择"OFFSET SETTING"→补正→形状"G"→光标移至"G04"栏内的"X"上→在 MDI 面板上输入"X 测量值"→按"测量"软键。

③ 测量 1$^\#$ 刀刀具偏置。

a. MDI 方式下换 1$^\#$ 刀，启动主轴。

b. 手轮方式下将 1$^\#$ 刀左刀尖靠近端面，以刚好接触为准（手轮倍率开关打至×10，以提高测量精度）。

c. 输入 1$^\#$ 刀"Z"向刀具偏置，按如下操作：

在 MDI 操作面板上依次选择"OFFSET SETTING"→补正→形状"G"→光标移至"G01"栏内的"Z"上→输入"Z0"→按"测量"软键。

d. 手轮方式下，将 1$^\#$ 刀刀尖靠近外圆，以刚好接触为准（手轮倍率开关打至×10，以提高测量精度）。

e. 输入 1$^\#$ 刀"X"向刀具偏置，按如下操作：

在 MDI 操作面板上依次选择"OFFSET SETTING"→补正→形状"G"→光标移至"G01"栏内的"X"上→输入"X 测量值"→按"测量"软键。

④ 测量 2$^\#$、3$^\#$ 刀刀具偏置。操作方法同上。

说明：2$^\#$ 刀为外螺纹车刀，它的刀尖接触不到端面，可通过目测刀尖角的角平分线跟端面重合来测量"Z"向刀具偏置。

⑤ 1$^\#$、2$^\#$、3$^\#$、4$^\#$ 刀具的偏置测量示意图如图 3.14 所示。

a. 4$^\#$ 刀具的偏置测量，如图 3.14（a）：手轮工作方式下车削工件端面，将 G53 中 Z 值设定为 4$^\#$ 基准刀 Z 向刀具偏置；手轮工作方式下车削工件外圆，将 G53 中 X 值设定为 4$^\#$ 基准刀 X 向刀具偏置，其中 $X = X_1 + X_2$。

b. 1$^\#$ 刀具的偏置测量，如图 3.14（b）：手轮工作方式操作，X 轴方向以刀尖刚好接触工件外圆为准，Z 轴方向以刀尖刚好接触工件端面为准。

c. 2$^\#$ 刀具的偏置测量，如图 3.14（c）：手轮工作方式操作，X 轴方向以刀尖刚好接触工件外圆为准，Z 轴以刀尖角的角平分线刚好与工件端面重合为准。

d. 3$^\#$ 刀具的偏置测量，如图 3.14（d）：手轮工作方式操作，X 轴方向以刀尖刚好接触工件外圆为准，Z 轴方向以刀尖刚好接触工件端面为准。

9）超程解除

在机床操作过程中，如果刀具超出机床行程，将会出现超程报警，机床将停止工作，超程报警分为软极限报警和硬极限报警，软极限报警可通过手动或手轮方式沿超程方向相反的方向退出即可解除；而硬极限报警则必须在手轮工作方式下，按住机床操作面板上"限位解除"键不放，通过手轮从与超程相反的方向退出才能解除。

10）安全操作规程

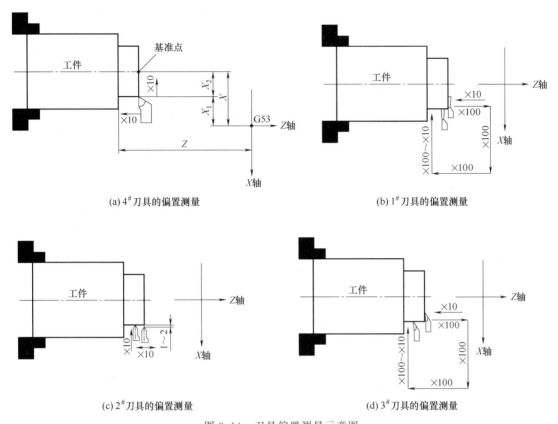

(a) 4#刀具的偏置测量　　　　　　　　　　　　(b) 1#刀具的偏置测量

(c) 2#刀具的偏置测量　　　　　　　　　　　　(d) 3#刀具的偏置测量

图 3.14　刀具偏置测量示意图

根据数控车床的操作特点，制定如下安全操作规程。

① 学生初次操作机床，须仔细阅读《数控加工综合实践教程》和机床操作说明书，并在实训教师指导下操作。

② 开机前应对机床进行全面细致的检查，确认无误后方可操作。

③ 系统上电后，在系统引导过程中，不要按面板上任何键，以免影响机床的正常运行。

④ 进行手动回参考点操作时，必须先回 X 轴，后回 Z 轴。

⑤ 检查润滑液面指示灯是否报警，有手动润滑的部位先要进行手动润滑。

⑥ 机床上电后，先空运行 2～3min，检查机床有无异常现象。

⑦ 机床操作过程中，严防刀架或拖板与机床尾座、工件等产生干涉。

⑧ 自动运行前先校验程序，确认无误后方可自动加工。

⑨ 使用尾座后，必须及时回到机床尾部。

⑩ 机床运转时，千万不要拨动变速手柄。

⑪ 关机前必须确认自动运行已经停止，所有外设都已关闭后，方可切断电源。

⑫ 机床使用完毕，必须及时清理机床。

3.3.3　配 FANUC 0i mate-TB 系统的数控车削加工实例

(1) 复杂轴数控车削加工

1) 实习目的及要求

熟悉 FANUC 0i Mate-TB 数控车削系统，掌握加工型数控车床 CK6132A 的基本操作，学会手工编制数控车削加工程序。

2）实习设备

加工型数控车床 CK6132A，配 FANUC 0i Mate-TB 数控车削系统及必要的刀具、量具等。

3）加工实例

加工如图 3.15 所示复杂轴数控车削实例零件，材料为 45 钢，毛坯外径为 ϕ34mm。

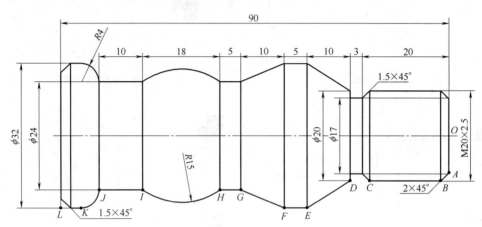

图 3.15　复杂轴数控车削实例零件

① 工艺分析。以工件右端面圆心 O 为原点建立工件坐标系，起刀点设在坐标（100，50）处。工件轮廓从 $A \rightarrow B \rightarrow C \rightarrow D \rightarrow E$，在 X 方向上单调递增，因切削余量较大，可选用基准刀（外圆车刀，刀号设为 4）进行外径粗车循环（G71）加工。而轮廓从 F—G—H—I—J—K—L，在 X 方向上为非单调轨迹（先递减后递增），且切削余量也较大，可通过调用子程序加工，为了保证刀具不与 FG 面干涉，可采用副偏角较大的刀（设定为 3 号刀）。切槽、切断采用切断刀（设定为 1 号刀）。螺纹加工可采用螺纹单一固定循环（G92）切削（刀号设定为 2 号）。加工顺序，切削用量的选择参见程序。

② 编程。根据以上加工工艺，编制加工程序如下：

O8001	主程序文件名
N10 G00 G54 X100 Z50;	以工件右端面圆心为原点建立工件坐标系
N20 T0404;	调 4 号外圆刀(基准刀)
N30 M32;	主轴转速高挡位
N40 M03 S700;	
N50 G00 X34 Z2;	G71 循环起刀点
N60 G71 U1 R0.5;	
N70 G71 P80 Q120 U0.4 W0.2 G98 F400;	G71 粗加工循环
N80 G00 X12;	
N90 G01 U8 W-4 F200;	
N100 U0 W-21;	
N110 U12 W-10;	
N120 U0 W-5;	
N130 G70 P80 Q120 S800;	G70 外径精加工

N140 G00 X100 Z50;

N150 T0400;

N160 T0101 S500;　　　　　　　　　　　　　调 1 号切槽刀

N170 G00 X21 Z-23;

N180 G01 X17 F200;

N190 G00 X21;

N200 G01 X20 Z-21.5;

N210 X17 Z-23;

N220 G00 X30;

N230 X100 Z50;

N240 T0100;

N250 T0202 S401;　　　　　　　　　　　　　调 2 号外螺纹刀

N260 G00 X24 Z2;　　　　　　　　　　　　　螺纹单一固定循环起刀点

N270 G92 X19 Z-21.5 F2.5;　　　　　　　　　G92 螺纹单一固定循环

N280 G92 X 18 Z-21.5 F2.5;

N290 G92 X17 Z-21.5 F2.5;

N300 G92 X 16.75 Z-21.5 F2.5;

N310 G92 X 16.75 Z-21.5 F2.5;

N320 G00 X100 Z50;

N330 T0200;

N340 T0303 S600;　　　　　　　　　　　　　调 3 号偏刀

N350 G00 X50 Z-37;

N360 M98 P00002 L6;　　　　　　　　　　　调子程序"O0002"6 次

N370 G00 X100 Z50;

N380 T0300;

N390 T0101 S500;

N400 G00 X33 Z-93;

N410 G01 X28 F200;

N420 G00 X33;

N430 X32 Z-91.5;

N440 G01 X29 Z-93;

N450 X0;

N460 G00 X100 Z50;

N470 T0100;

N480 M05;

N490 M02;

O0002　　　　　　　　　　　　　　　　　　　子程序文件名

N10 G00 U-3 W-1;

N20 G01 U-8 W-10 F300;

N30 U0 W-5;

N40 G03 U0 W-18 R15;

N50 G01 U0 W-10;

N60 G03 U8 W-4 R4;

N70 G01 U0 W-8;

N80 G0 U1 W56;

N90 U-1;

N100 M99;

③ 加工步骤简述如下。

a. 开机：开主机电源→机床急停按钮键确认→开数控系统电源。

b. 机床手动回参考点：按机床操作面板上的"回参考点"键，选择"回参考点"工作方式→进给修调开关打至中挡→选坐标轴 X→按方向键"＋"→X 轴即返回参考点→选坐标轴 Z→按方向键"＋"→Z 轴即返回参考点。

c. 机床手动返回：选择"手动工作方式"→选坐标轴 Z→按方向键"－"及快移键→选坐标轴 X→按方向键"－"及快移键，将刀架从参考点位置返回（返回位置以不妨碍装夹工件及程序校验时不产生刀具干涉为原则）。

d. 装夹工件毛坯：根据零件尺寸，将毛坯装夹长度控制在 110mm 左右。

e. 手轮方式车削工件外径及端面，将工件右端面圆心 O 设定为 G54 坐标系的原点。

f. 在编辑工作方式下输入程序。

g. 程序校验：选择"编辑"工作方式→选择"PROG"程序功能键→输入程序文件名→按"O 检索"软键，调出程序→将工作方式切换至"自动"→根据需要选择屏幕显示方式（POS、PROG 或 GRAPH）→按下"机床锁住"键→按下"空运行"键→根据需要选择是否接通"程序单段"→选择合理的进给修调参数和主轴转速修调参数→按下"循环启动"按钮。

h. 坐标复位：关闭"机床锁住""空运行""程序单段"开关→选择"POS"功能键→选择"绝对"软键→按"操作"软键→按菜单扩展键"▶"→按"WRK-CD"软键→按"全轴"软键，将坐标复位。

i. 加工：将工作方式切换至"自动"→根据需要选择屏幕显示方式（POS、PROG 或 GRAPH）→选择合理的进给修调参数和主轴转速修调参数→按下"循环启动"按钮。

j. 关机并清理机床：加工完毕，将刀架移至机床尾部→按下"急停"键→关系统电源→关主机电源→清理、维护机床。

(2) 利用宏指令编程及加工

1）实验目的与要求

掌握宏指令编程技巧，了解宏程序应用范围。

2）实验设备与条件

① 设备：CK6132A 数控车床配 FANUC 数控系统。

② 材料：ϕ40mm×200mm 尼龙棒一根。

③ 刀具：外圆、端面车刀。

3）相关知识概述

FANUC 数控系统为用户配备了强有力的类似于高级语言的宏程序功能，用户可以使用变量进行算术运算、逻辑运算和函数的混合运算。此外，宏程序还提供了循环语句、分支语句和子程序调用语句，有利于编制各种复杂的零件加工程序，减少乃至免除了手工编程时烦琐的数值计算，可以简化程序。

这里，介绍宏程序编程的循环 IF 语句，其格式为：

IF［条件表达式］GOTO

如果指定的条件表达式满足，转移到标有顺序号 N 的程序段。如果指定的条件表达式不满足，执行下个程序段。

宏程序编程的详细内容，参见机床编程手册。

4）实验内容

① 工艺分析。如图 3.16 所示，对于轮廓图形均由抛物面、圆柱面、椭圆面构成，只是尺寸不同的系列零件，可将其编制成一个通用程序，当零件改变时，只需修改参数即可。图中抛物线的 X 轴步距为 0.08mm，椭圆的 Z 轴步距为 0.08mm，椭圆方程的 a、b 分别为椭圆的长轴长度（X 轴）和短轴长度（Z 轴）。

② 加工工艺的确定。

a. 装夹定位的确定：三爪卡盘夹紧定位。

b. 刀具加工起点及工艺路线的确定：刀具加工起点位置的确定原则为该处方便拆卸工件，不发生碰撞，空行程不长等。故放在 Z 向距工件前端面 10mm，X 向距工件外表面 20mm 的位置。

c. 加工刀具的确定：外圆端面车刀，刀具主偏角 93°，刀具材质为高速钢。

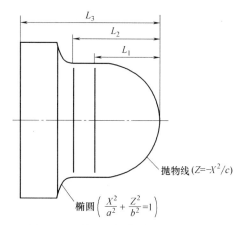

图 3.16 利用宏指令编程及加工示例

d. 切削用量：主轴转速 460r/min，进给速度 60mm/min。

③ 数学计算。

a. 确定程序原点，建立工件坐标系（以工件前端面与轴线的交点为程序原点）。

b. 计算各节点相对位置值。

④ 编写数控程序，参考程序如下：

```
O8002
N10 #20= 32;(L1)
N20 #21= 40;(L2)
N30 #22= 55;(L3)
N40 #24= 5;(a)
N50 #25= 8;(b)
N60 #26= 8;(c)
N70 G50 X0 Z0;
N80 M03 S800;
N90 #10=0;
N100 #11=0;
N110 #12=0;
N120 #13=0;
```

N130 G01 X[#10] Z[- [#11]] G99 F0.2;

N140 #10= #10+ 0.08;

N150 #11= #10 * #10/#26;

N160 IF[#11 LE #22] GOTO130;

N170 G01 X[SQRT[#20 * #26]] Z[-#20];

N180 G01 Z[-#21];

N190 #16= #24x#24- #13 * #13;

N200 #15= SQRT[#16];

N210 #12= #15 * [#25/#24];

N220 G01 X[SQRT[#20 * #26]+ #25-#12] Z[-#21-#13];

N230 #13= #13+ 0.08;

N240 IF[#13 LE #24] GOTO190;

N250 G01 X[SQRT[#20*#26]+#25] Z[-#21-#24];

N260 G01 Z[-#22];

N270 U12;

N280 G00 Z0;

N290 X0;

N300 M30;

⑤ 零件加工，简要步骤如下。

a. 输入零件程序。

b. 进行程序校验及加工轨迹仿真，修改程序。

c. 进行对刀操作。

d. 向 X 轴负向退出一定距离，在单段方式下加工。测量修调。

e. 到对刀位，自动加工。

5）实验总结

宏程序指令适合抛物线、椭圆、双曲线等没有插补指令的曲线的编程；适合图形一样，只是尺寸不同的系列零件的编程；适合工艺路径一样，只是位置数据不同的系列零件的编程。运用宏指令可大大地简化程序，扩展数控车床应用范围。

6）实验报告

① 零件加工设备概述（设备名称、型号、加工能力）。

② 零件加工过程描述（零件图、刀具运行轨迹、加工程序及过程概述）。

③ 分析宏程序的适用范围。

④ 试述数控车床加工该零件的主要步骤。

(3) 复合轴数控车削系统加工

复合轴数控车削零件如图 3.8 所示，这里采用配 FANUC 0i mate-TB 系统的数控车床加工，有关刀位点、换刀点、刀具路径等加工设置如图 3.17 所示。

1）工艺分析

以工件右端面圆心 O 为原点建立工件坐标系，换刀点设在坐标（100，50）处。分 5 步进行加工。

① 车削工件端面及外轮廓：选用外圆车刀（4#），工件轮廓为 3—4—5—8—9—10—

11—12—13，在 X 方向上的尺寸单调递增，且切削余量较大，可选用 G71 指令进行外径粗车循环加工，再用 G70 精加工。粗加工时，为了提高加工较率，可选用较大的吃刀深度和较快的进给速度，同时考虑刀具耐用度，选用较低的主轴转速；精加工时，为了提高加工精度和表面质量，选用较小的吃刀，较慢的进给和较快的转速。

② 切退刀槽、倒角：选用切槽刀（1♯，刀尖宽 3mm，刀位点为左刀尖），因刀具强度较差，且切槽时，工件是径向受力，力臂较长，工件会产生径向跳动，应选用较慢的进给速度和转速，为了保证加工精度，可增加一个延时指令 G04。

③ 车外螺纹：选用外螺纹车刀（2♯），用螺纹单一固定循环指令 G92。因螺纹刀刀尖强度较差，应选用较低转速及较小吃刀，分多刀加工。同时要考虑螺距补偿。

④ 车削 $R15$ 凹圆弧：选用圆弧刀加工（3♯，副偏角较大，不会产生干涉），可通过调用子程序分多刀加工。

⑤ 角、切断：选用 1♯刀，以左刀尖为刀位点计算坐标值。

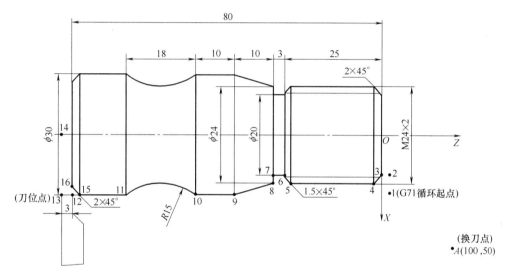

图 3.17 FANUC 0i mate-TB 系统下复合轴数控车加工设置

2）编程

根据以上工艺分析，采用 FANUC 0i mate-TB 系统编制加工程序如下：

O8003	主程序文件名
N10 G00 G54 X100 Z50;	以工件右端面圆心为原点建立工件坐标系
N20 T0404;	调 4 号外圆刀（基准刀）
N30 M32;	主轴转速高挡位
N40 M03 S600;	主轴正转,转速 600r/min
N50 G00 X32 Z0;	
N60 G01 X0 Z0 G99 F0.1;	车端面
N70 G00 X32 Z2;	G71 循环起刀点
N80 G71 U1 R0.5;	
N90 G71 P100 Q150 U0.4 W0.2 G99 F0.2;	G71 粗车循环
N100 G00 X20;	

```
N110 G01 X20 Z0;
N120 X24 Z-2 F0.1;
N130 X24 Z-28;
N140 X30 Z-38;
N150 X30 Z-83;
N160 G70 P100 Q150 S800;          G70 精车循环
N170 G00 X100 Z50;
N180 T0400
N190 T0101 S500                   调 1 号切槽刀
N200 G00 X25 Z-28;
N210 G01 X20 F0.1;
N220 G04 X2
N230 G00 X25;
N240 G01 X24 Z-26.5;
N250 X21 Z-28;
N260 G00 X30;
N270 X100 Z50;
N280 T0100;
N290 T0202 S401;                  调 2 号外螺纹刀
N300 G00 X30 Z2;                  螺纹单一固定循环起刀点
N310 G92 X23.5 Z-26.5 F2;         G92 螺纹单一固定循环
N320 G92 X23 Z-26.5 F2;
N330 G92 X22.5 Z-26.5 F2;
N340 G92 X21.4 Z-26.5 F2;
N350 G92 X21.4 Z-26.5 F2;
N360 G00 X100 Z50;
N370 T0200;
N380 T0303 S600;                  调 3 号偏刀
N390 G00 X36 Z-48;
N400 M98 P00002 L6;               调子程序"O0002"6 次
N410 G00 X100 Z50;
N420 T0300;
N430 T0101 S500;
N440 G00 X31 Z-83;
N450 G01 X26 Z-83 F0.2;
N460 G00 X31;
N470 G01 X30 Z-81;
N480   X26 Z-83;
N490 X0;
N500 G00 X100 Z50;
```

N510 T0100;

N520 M05;

N530 M30;

O0002　　　　　　　　　　　　　　　子程序文件名

N10 G00 U-1 W0;

N20 G02 U0 W-18 R15 F0.2;

N30 G00 U1;

N40 G00 W18;

N50 G01 U-1;

N60 M99;

3）加工步骤

见复杂轴数控车削加工步骤。

3.4　数控车削加工作业实例

① 试用相应的数控系统（华中 HNC-818 或 FANUC 0i mate-TB 或其他）与机床，编制图 3.18 中各零件的数控车削加工程序，并在数控车床上加工出合格的零件。

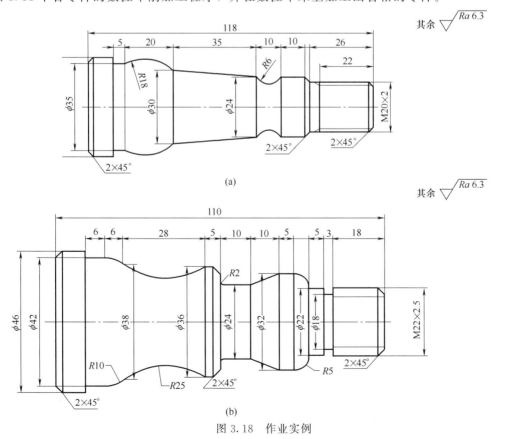

(a)

(b)

图 3.18　作业实例

② 如图 3.19 所示为车削等距槽的实例。已知毛坯直径 ϕ32mm，长度为 72mm，一号刀为外圆车刀，三号刀为切断刀，其刀尖宽度为 3mm。试通过调用子程序编程、加工。

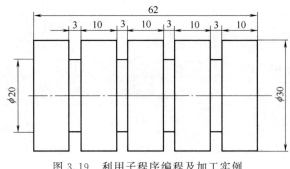

图 3.19　利用子程序编程及加工实例

③ 如图 3.20 所示为抛物线 $Z = \dfrac{x^2}{8}$，试用宏程序编制在区间 $[0，16]$ 内的数控程序，并加工。

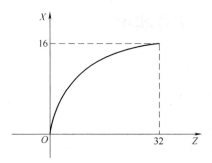

图 3.20　利用宏指令编程及加工实例

第4章
数控铣削加工

4.1 数控铣床的分类、组成及工装应用

4.1.1 数控铣床的分类及组成

(1) 数控铣床分类

数控铣床一般为轮廓控制（也称连续控制）机床，可以进行直线和圆弧的切削加工（直线、圆弧插补）和准确定位，有些系统还具有抛物线、螺旋线等特殊曲线的插补功能。控制的联动轴数一般为 3 轴或以上。可以加工各类平面、台阶、沟槽、成形表面、曲面等，也可进行钻孔、铰孔和镗孔。加工的尺寸公差等级一般为 IT9～IT7，表面粗糙度 Ra 值为 $3.2～0.4\mu m$。

① 按伺服系统控制原理来分类，可分为开环控制、半闭环控制、闭环控制、混合环控制等。

② 按机床主轴的布置形式及机床的布局特点分类，可分为数控卧式铣床（图 4.1）、数控立式铣床（图 4.2）和数控龙门铣床（图 4.3）等。中小型数控铣床一般采用卧式或立式布局，大型数控铣床采用龙门式。数控铣床的工作台一般能实现左右、前后运动，由主轴箱做上下运动。在经济型或简易型数控铣床上，也有采用升降台式结构（图 4.4）的，但进给速度较低。另外，还有数控工具铣床、数控仿形铣床等。

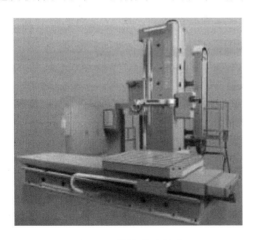

图 4.1　数控卧式铣床

图 4.2　数控立式铣床

图 4.3 数控龙门铣床   图 4.4 数控立式升降台铣床

(2) 数控铣床的组成

数控铣床主要由控制介质输入装置、数控装置、伺服系统、辅助控制装置和机床本体等组成。

4.1.2 数控铣床工艺装备及应用

与普通铣床的工艺装备相比较，数控铣床工艺装备的制造精度更高、灵活性更好、适用性更强，一般采用电动、气动、液压甚至计算机控制，其自动化程度更高。合理使用数控铣床的工艺装备，能提高零件的加工精度。

(1) 数控回转工作台

数控回转工作台可以使数控铣床增加一个或两个回转坐标，通过数控系统实现 4 坐标或 5 坐标联动，从而有效地扩大工艺范围，加工更为复杂的工件。数控铣床一般采用数控回转工作台，可以实现 A、B 或 C 坐标运动，但占据的机床运动空间也较大，如图 4.5 所示。

(2) Z 轴对刀器

Z 轴对刀器主要用于确定工件坐标系原点在机床坐标系的 Z 轴坐标，或者说是确定刀具在机床坐标系中的高度。Z 轴对刀器有光电式（图 4.6）和指针式等类型，通过光电指示或指针，判断刀具与对刀器是否接触，对刀精度一般可达 ± 0.0025mm/100mm，对刀器标定高度的重复精度一般为 $0.001 \sim 0.002$mm。对刀器带有磁性表座，可以牢固地附着在工件或夹具上。Z 轴对刀器高度一般为 50mm 或 100mm。

图 4.5 数控回转工作台   图 4.6 光电式 Z 轴对刀器

Z 轴对刀器的使用方法如下所述。

① 将刀具装在主轴上，将 Z 轴对刀器吸附在已经装夹好的工件或夹具平面上。

② 快速移动工作台和主轴，让刀具端面靠近 Z 轴对刀器上表面。

③ 改用步进或电子手轮微调操作，让刀具端面慢慢接触到 Z 轴对刀器上表面，直到 Z 轴对刀器发光或指针指示到零位。

④ 记下机械坐标系中的 Z 值数据。

⑤ 在当前刀具情况下，工件或夹具平面在机床坐标系中的 Z 坐标值为此数据值再减去 Z 轴对刀器的高度。

⑥ 若工件坐标系 Z 坐标零点设定在工件或夹具的对刀平面上，则此值即为工件坐标系 Z 坐标零点在机床坐标系中的位置，也就是 Z 坐标零点偏置值。

（3）寻边器

寻边器主要用于确定工件坐标系原点在机床坐标系中的 X、Y 零点偏置值，也可测量工件的简单尺寸。它有偏心式（图 4.7）、回转式（图 4.8）和光电式（图 4.9）等类型。

偏心式、回转式寻边器为机械式构造。机床主轴中心距被测表面的距离为测量圆柱的半径值。

图 4.7　偏心式寻边器　　　　图 4.8　回转式寻边器　　　　图 4.9　光电式寻边器

光电式寻边器的测头一般为 10mm 的钢球，用弹簧拉紧在光电式寻边器的测杆上，碰到工件时可以退让，并将电路导通，发出光信号。通过光电式寻边器的指示和机床坐标位置可得到被测表面的坐标位置。利用测头的对称性，还可以测量一些简单的尺寸。

（4）夹具

在数控铣削加工中使用的夹具有通用夹具、专用夹具、组合夹具以及较先进的工件统一基准定位装夹系统等，主要根据零件的特点和经济性选择使用。

① 通用夹具。它具有较大的灵活性和经济性，在数控铣削中应用广泛。常用的有各种机械台虎钳或液压台虎钳。如图 4.10 所示为内藏式液压角度台虎钳、平口台虎钳。

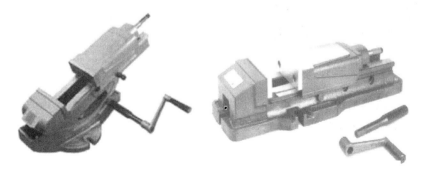

图 4.10　内藏式液压角度台虎钳、平口台虎钳

② 组合夹具。它是机床夹具中一种标准化、系列化、通用化程度很高的新型工艺装备。它可以根据工件的工艺要求，采用搭积木的方式组装成各种专用夹具，如图 4.11 所示。

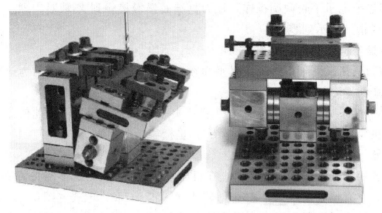

图 4.11　组合夹具的使用（钻孔、铣削）

组合夹具的特点：灵活多变，为生产迅速提供夹具，缩短生产准备周期；保证加工质量，提高生产效率；节约人力、物力和财力；减少夹具存放面积，改善管理工作。

组合夹具的不足之处：比较笨重，刚性也不如专用夹具好，组装成套的组合夹具，必须有大量元件储备，开始投资的费用较大。

(5) 数控刀具系统

① 刀柄。数控铣床使用的刀具通过刀柄与主轴相连，刀柄通过拉钉和主轴内的拉刀装置固定在轴上，由刀柄夹持传递速度、扭矩。数控铣床刀柄一般采用 7∶24 锥面与主轴锥孔配合定位，这种锥柄不自锁，换刀方便，与直柄相比有较高的定心精度和刚度。数控铣床的通用刀柄分为整体式和组合式两种。为了保证刀柄与主轴的配合与连接，刀柄与拉钉的结构和尺寸均已标准化和系列化，在我国应用最为广泛的是 BT40 和 BT50 系列刀柄和拉钉，如图 4.12、图 4.13 所示。

图 4.12　数控铣床的刀柄和拉钉

图 4.13　数控铣床的通用刀柄

相同标准及规格的加工中心用刀柄也可以在数控铣床上使用，其主要区别是数控铣床所用的刀柄上没有供换刀机械手夹持的环形槽。

② 数控铣削刀具。与普通铣床的刀具相比较，数控铣床刀具制造精度更高，要求高速、高效率加工，刀具使用寿命更长。刀具的材质选用高强高速钢、硬质合金、立方氮化硼、人造金刚石等，高速钢、硬质合金采用 TiC 和 TiN 涂层及 TiC-TiN 复合涂层来提高刀具使用

寿命。在结构形式上，采用整体硬质合金或使用可转位刀具技术。主要的数控铣削刀具种类，如图 4.14 所示。

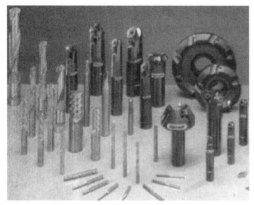

(a) 硬质合金涂层立铣刀和可转位球刀、面铣刀等　　　(b) 整体硬质合金球头刀

(c) 硬质合金可转位立铣刀　　　(d) 硬质合金可转位三面刃铣刀

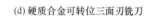

(e) 硬质合金可转位螺旋立铣刀　　　(f) 硬质合金锯片铣刀

图 4.14　数控铣削刀具

数控铣刀种类和尺寸一般根据加工表面的形状特点和尺寸选择，具体选择如表 4.1 所示。

表 4.1　铣削加工部位及所使用铣刀的类型

序号	加工部位	可使用铣刀类型	序号	加工部位	可使用铣刀类型
1	平面	可转位平面铣刀	9	较大曲面	多刀片可转位球头铣刀
2	带倒角的开敞槽	可转位倒角平面铣刀	10	大曲面	可转位圆刀片面铣刀
3	T形槽	可转位T形槽铣刀	11	倒角	可转位倒角铣刀
4	带圆角开敞深槽	加长柄可转位圆刀片铣刀	12	型腔	可转位圆刀片立铣刀
5	一般曲面	整体硬质合金球头铣刀	13	外形粗加工	可转位玉米铣刀
6	较深曲面	加长整体硬质合金球头铣刀	14	台阶平面	可转位直角平面铣刀
7	曲面	多刀片可转位球头铣刀	15	直角腔槽	可转位立铣刀
8	曲面	单刀片可转位球头铣刀			

③ 刀具的装卸。数控铣床采用中、小尺寸的数控刀具进行加工时，经常采用整体式或

可转位式立铣刀进行铣削加工，一般使用 7∶24 莫氏转换变径夹头和弹簧夹头刀柄来装夹铣刀。不允许直接在数控机床的主轴上装卸刀具，以免损坏数控机床的主轴，影响机床的精度。铣刀的装卸应在专用卸刀座上进行，如图 4.15 所示。

图 4.15　装刀卸刀座

4.2　华中 HNC-818 数控铣削系统与加工

4.2.1　华中 HNC-818 数控铣削系统

(1) 系统主机面板、上电屏幕和操作面板

在执行华中 HNC-818 型数控铣削系统的启动文件后，系统主机面板类似图 3.2，上电后的系统屏幕显示类似图 3.3 所示，但主机面板按键及功能不同。

华中 HNC-818 型数控铣削系统操作面板包括 NC 键盘和铣床操作面板，如图 4.16 所示。NC 键盘采用计算机键盘，含义和功能与计算机键盘基本相同。铣床操作面板中有程序、设置、MDI 录入、刀补、诊断、位置等功能，具体如下。

① 程序：对程序进行选择、编辑、新建、管理等。

② 设置：设置外部零点偏移，建立工件坐标系等。

③ MDI 录入：MDI 模式下录入程序，可用于校验对刀点。

④ 刀补：用于设置各刀号的长度和半径补偿。

⑤ 诊断：显示机床异常问题。

⑥ 位置：显示机床实际位置，加工轨迹等。

(2) 数控铣床控制面板

华中 HNC-818 型数控铣床控制面板如图 4.17 所示，各个部分功能如下。

1) 数控系统的工作方式

· 自动：自动工作方式下，自动连续运行程序，模拟运行程序，运行 MDI 指令。

图 4.16　华中 HNC-818 型
数控铣削系统操作面板

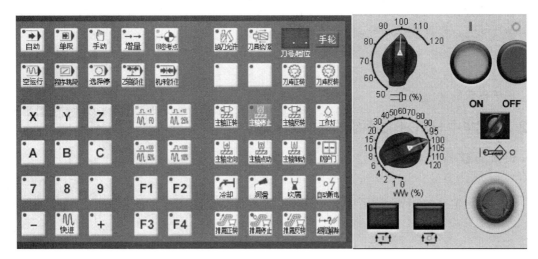

图 4.17 华中 HNC-818 型数控铣床控制面板

• 单段：单段工作方式下，按下"循环启动"，程序走一个程序段就停下来，再按下"循环启动"，可控制程序再走一个程序段。

• 手动：在手动工作方式下，手动连续进给坐标轴、手动换刀、手动启动与停止切削液、主轴正反转等。

• 增量：在增量工作方式下，由手持单元移动机床坐标轴，移动距离由倍率调整。

• 回参考点：回参考点工作方式下，手动返回参考点，建立机床坐标系。

2）主轴控制

• 主轴正转：在手动方式下，按一下"主轴正转"按键（指示灯亮），主轴电机以机床参数设定的转速正转。

• 主轴反转：在手动方式下，按一下"主轴反转"按键（指示灯亮），主轴电机以机床参数设定的转速反转。

• 主轴停止：在手动方式下，按一下"主轴停止"按键（指示灯亮），主轴电机停止运转。

3）机床锁住、Z 轴锁住

• 机床锁住：机床锁住禁止机床所有运动。

• Z 轴锁住：该功能用于禁止进刀。在只需要校验 XY 平面的机床运动轨迹时，我们可以使用"Z 轴锁住"功能。

4）坐标轴移动

在手动模式下，按"X、Y、Z"可以移动机床相应坐标轴。

5）面板电源

• 启动键：用于 NC 面板电源的启动。

• 关闭键：用于 NC 面板电源的关闭。

6）主轴速度修调

主轴正转及反转的速度可通过主轴修调调节，旋转主轴修调波段开关，倍率的范围为50%～120%。

7）进给修调。

在自动方式或 MDI 运行方式下，当 F 代码编程的进给速度偏高或偏低时，可旋转进给修调波段开关，修调程序中编制的进给速度。修调范围为 0%～120%。

8）紧急停止

用于机床的紧急停止。

4.2.2　配华中 HNC-818 系统的数控铣床操作

以南通数控铣床 VC600（数控系统为华中 HNC-818 型）为例，其结构外形如图 4.18 所示，该机床组成包括：集液箱、集屑箱、工作台、防护门、刀库、主轴箱、控制面板等。下面介绍其操作。

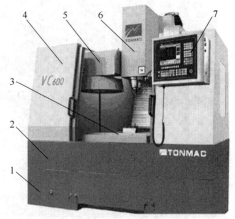

图 4.18　南通数控铣床 VC600

1—集液箱；2—集屑箱；3—工作台；4—防护门；5—刀库；6—主轴箱；7—控制面板

(1) 机床主要参数

南通数控铣床 VC600 的主要参数如表 4.2 所示。

表 4.2　南通数控铣床 VC600 主要参数

序号	项目	单位	技术参数
1	工作台规格（长×宽）	mm	800×400
2	工作台最大载荷	kg	550
3	工作台 T 形槽（槽数×槽宽×槽距）	mm	3×18H8×125
4	X 坐标行程	mm	610
5	Y 坐标行程	mm	410
6	Z 坐标行程	mm	510
7	主轴端面至工作台上平面距离	mm	125～635
8	X、Y、Z 切削速度	mm/min	10～3000
9	X、Y、Z 快速进给速度	m/min	10
10	主轴最高转速	r/min	5000
11	刀柄	—	BT40
12	主轴功率	kW	5.5
13	定位精度	mm	0.04

(2) 铣床控制面板及其操作

数控铣床 VC600 的机床操纵台由操作面板、机床控制面板两部分组成，分别见图 4.16、图 4.17。该数控机床的操作如下。

1）机床的开启

① 检查机床外围是否出现异常；

② 使总电源开关由"OFF"位置推到"ON"位置；

③ 将电气柜开关由"0"位置拨到"1"位置；

④ 按下操作面板上的系统启动按钮（绿色）；

⑤ 松开急停按钮，机床处于待加工状态。

2）手动操作

① 返回机床零点：控制机床运动的前提是建立机床坐标系，为此，系统接通电源、复位后首先应进行机床各轴回参考点操作。回零先按"Z"键，使 Z 轴回参考点，然后按"X"和"Y"键，使 X 轴和 Y 轴回参考点。

② 手动进给：按一下"手动"按键，系统处于手动运行方式，可点动移动机床 X、Y、Z 坐标轴。

③ 增量进给：按一下控制面板上的"增量"按键，系统处于增量进给方式，可"手摇"手轮移动机床 X、Y、Z 坐标轴。

④ 超程处理：将工作方式置为"手动"或"增量"模式，按"超程解除"按键，手动方式下反向移动超程的轴，解除超程。

3）MDI 运行

按 MDI 主菜单键进入 MDI 功能，用户可以从 NC 键盘输入并执行一行或多行 G 代码指令，在输入完一个 MDI 指令段后，按一下操作面板上的"循环启动"键，系统即开始运行所输入的 MDI 指令。

4）对刀

在主菜单下按"设置"键，进入下一级菜单，按"读测量值"进行对刀，对刀完成后按"G54 坐标设定"完成 X、Y、Z 方向的对刀。

5）刀补设置

按"刀补"主菜单键，图形显示窗口出现刀补数据表。刀补数据包括：刀具长度，刀具半径，长度磨损，半径磨损。

6）程序设置

① 新建程序：程序→编辑→新建文件名（如 O1234）→输入程序→保存；

② 程序选择：程序→选择→通过上下光标键选择程序→确定；

③ 程序编辑：程序→选择→通过上下光标键选择程序→编辑→保存；

④ 程序校验：程序→程序校验→手动方式→锁住机床→自动方式→选择程序→确定→校验；

⑤ 程序删除：程序→程序删除→通过上下光标键选择程序→删除→确定。

7）自动运行

调入程序→将工作模式旋钮选择"自动"模式→ 通过校验确认程序准确无误后→"进给修调"旋钮选择合理速率和加工过程显示方式→按操作面板上的"循环启动"键，即可进行自动加工。

8）关机

① 清理好机床，使机床工作面范围内整洁干净；

② 手动方式，使工作台和主轴箱停在中间适当位置；

③ 先按下操作面板上的紧急停止按钮；

④ 再依次关掉面板电源、电气柜、总电源；

⑤ 整理好工具柜，清点并交还所借实训器械。

（3）铣床安全操作规程

① 学生初次操作机床，须仔细阅读数控车床《数控加工综合实践教程》或机床操作说

明书，并在实训教师指导下操作。操作人员必须按操作规程正确操作，尽量避免因操作不当而引起的故障。

② 操作机床时，应按要求正确着装，严禁戴手套操作机床。

③ 按顺序开、关机。先开机床再开数控系统，先关数控系统再关机床。

④ 开机后首先进行返回机床参考点的操作，必须 Z 轴先回参考点，然后 X、Y 轴回参考点，以建立机床坐标系。

⑤ 手动操作沿 X、Y 轴方向移动工作台时，必须使 Z 轴处于安全高度位置，移动时应注意观察刀具移动是否正常。

⑥ 正确对刀，确定工件坐标系与机床坐标系之间的关系。

⑦ 程序调试好后，在正式切削加工前，再检查一次程序、刀具、夹具、工件、参数等是否正确。

⑧ 刀具补偿值输入后，要对刀补号、补偿值、正负号、小数点进行认真核对。

⑨ 按工艺规程要求使用刀具、夹具、程序。执行正式加工前，应仔细核对输入的程序和参数，并进行程序试运行，防止加工中刀具与工件碰撞，损坏机床和刀具。

⑩ 装夹工件，要检查夹具是否妨碍刀具运动。

⑪ 试切进刀时，进给速率开关必须打到低挡。在刀具运行至工件表面 30～50mm 处，必须在进给保持下，验证 Z 轴剩余坐标值和 X、Y 轴坐标值与加工程序数据是否一致。

⑫ 刃磨刀具或更换刀具后，要重新测量刀长并修改刀补值和刀补号。

⑬ 程序修改后，对修改部分要仔细计算和认真核对。

⑭ 手动连续进给操作时，必须检查各种开关所选择的位置是否正确，确定正负方向，然后再进行操作。

⑮ 开机后让机床空运转十五分钟以上，以使机床达到热平衡状态。

⑯ 加工完毕后，将 X、Y、Z 轴移动到行程的中间位置，并将主轴速度和进给速度倍率开关都拨至低挡位，防止因误操作而使机床产生错误的动作。

⑰ 机床运行中，一旦发现异常情况，应立即按下红色急停按钮。待故障排除后，方可重新操作机床及执行程序。

⑱ 卸刀时应先用手握住刀柄，再按松刀开关；装刀时应在确认刀柄完全夹紧后再松手。装、卸刀过程中禁止运转主轴。

⑲ 出现机床报警时，应根据报警号查明原因，在教师的指导下及时排除。

⑳ 加工完毕，清理现场，并做好工作记录。

（4）数控铣床日常维护及保养

① 保持良好的润滑状态，定期检查、清洗自动润滑系统，添加或更换油脂、油液，使丝杠、导轨等各运动部件始终保持良好的润滑状态，降低机械的磨损速度。

② 精度的检查调整：定期进行机床水平和机床精度的检查，必要时进行调整。

③ 清洁防锈。

④ 防潮防尘：当油水过滤器、空气过滤器等太脏，会发生压力不够、散热不好等现象并造成故障，因此必须定期清扫卫生。

（5）定期开机

数控铣床工作不饱满或较长时间不用，应定期开机让机床运行一段时间。

4.2.3　配华中 HNC-818 系统的数控铣削加工实例

(1) 实习目的

通过操作数控铣床，加工如图 4.19 所示的平面凸轮零件外轮廓（材料为 5mm 厚铝合金板），熟悉和掌握南通 VC600 数控铣床操作、数控常用指令的使用和凸轮零件的数控加工工艺运用。

(2) 实习设备

南通 VC600 数控铣床、华中 HNC-818 数控铣削系统及相应工艺装备。

(3) 工艺方案确定

① 加工工艺确定：该零件由 AB、BC、AF、DE 圆弧及线段 CD、EF 构成，采用 $\phi20$mm 孔中心作为定位基准，通过螺栓螺母装夹，加工方法为铣削，加工刀具为 $\phi10$mm 高速钢螺旋铣刀，工艺参数为转速 $S=250$r/min、进给速度 $F=100$mm/min。

② 进刀点及进刀方法：设置进、退刀线长 20mm，进、退刀圆弧 $R20$mm，下刀点坐标 $X20$、$Y90$，右刀偏，深度进刀采用 G01 指令。

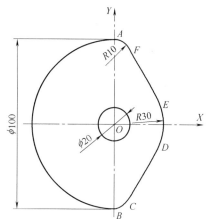

图 4.19　平面凸轮零件

③ 对刀点的选择：考虑便于在机床上装夹、加工，选择工件坐标原点上方 25mm 处（夹工件螺栓顶部中心）作为对刀点，用 G54 对刀。

(4) 程序编制

数控程序编制可采用手工编程和自动编程 2 种方法。对于简单零件的数控程序编制可采用手工编程。除工艺处理仍主要依靠人工进行外，编程中的数学处理、编写程序单、制作控制介质、程序校验等各项工作均通过自动编程来完成。与手工编程相比，自动编程解决了手工编程难以处理的复杂零件的编程问题，既减轻劳动强度、缩短编程时间，又可减少差错，使编程工作简便。

1) 手工编程

手工编程前需人工进行数学处理：选取工件坐标系，其原点选择在 $\phi20$mm 孔中心线与凸轮顶平面交点处 O 点。A、B、C、D、E、F 各点的坐标计算如下：

A 点：$X0$，$Y50$；B 点：$X0$，$Y-50$；C 点：$X8.6603$，$Y-45$；D 点：$X25.9808$，$Y-15$；E 点：$X25.9808$，$Y15$；F 点：$X8.6603$，$Y45$。

2) 自动编程

目前大都采用图形交互数控自动编程系统，使用较多的有：国内北航海尔软件有限公司的 CAXA 软件、美国 UNIGRAPHICS 公司的 UGⅡ软件、以色列的 Cimatron 软件、PTC 公司的 Pro/E 软件和 CNC 软件公司的 MasterCAM 软件等。这里使用 MasterCAM 软件。

图形交互数控自动编程系统在进行自动编程时，一般包括三个部分：第一为计算机辅助设计 CAD，产生 CAD 图形；第二为计算机辅助制造 CAM，即输入切削加工参数后，产生刀具加工数据（刀具路径）档；第三为后置处理，即选择加工工件所用的 CNC 控制器后置处理程序，将刀具路径档转换为 CNC 控制器可以识别的 NC 代码程序。采用 MasterCAM 软件，自动编程具体操作如下所述。

① CAD，操作步骤如下：

a. 依次打开微型计算机各电源开关：显示器电源→计算机主机电源。

b. 运行 MasterCAM。

c. 产生 ϕ100mm 左半圆：选择"主功能表（Main menu）"→"绘图（create）"→"圆弧（Arc）"→"极坐标点（Polar）"→"圆心点（Ctr Point）"→输入圆心点：0，0 ↙（"↙"表示回车，后同）→输入半径：50 ↙→输入起始角度：90°↙→输入终止角度：270°↙。

d. 产生上、下两个 R10mm 圆弧及一个 R30mm 圆弧：输入圆心点：0，40 ↙→输入半径：10 ↙→输入起始角度：0 ↙→输入终止角度：90 ↙（完成上面 R10mm 的圆弧）；输入圆心点：0，−40 ↙→输入半径：10 ↙→输入起始角度：270 ↙→输入终止角度：360 ↙（完成下面 R10mm 的圆弧）；输入圆心点：0，0 ↙→输入半径：30 ↙→输入起始角度：−90 ↙→输入终止角度：90 ↙（完成 R30mm 的圆弧）。

e. 产生两条切线：选择"主功能表（Main menu）"→"绘图（create）"→"线（Line）"→"切线（Tangent）"→"两个物体（2 arcs）"→点选物体，则画出两条切线。

f. 修整上、下两 R10mm 圆弧、R30mm 圆弧与切线：选择"主功能表（Main menu）"→"修整（Modify）"→"修剪延伸（Trim）"→"二个物体（2 entities）"→点选需要的，修剪去掉不需要的。

g. 存图档：选择"主功能表（Main menu）"→"档案（File）"→"存档（Save）"→文件名：＊＊＊＊↙（"＊＊＊＊"由用户自行取文件名）。

② CAM，操作步骤如下：

a. 选择"主功能表（Main menu）"→"刀具路径（Tool paths）"→"外形铣削（Contour）"→"串联（Chain）"→点击 R50mm 圆弧→"向前移动（move fwd）"，直到图形封闭为止→"执行（Done）"。

b. 设置刀具参数及外形铣削参数，具体参数设置如下：

- 2D 外形
- 粗切削次数及加工量：1
- 进、退刀线长：20
- 角度：90°
- 刀具名称：10000FLT
- 刀具半径补正号码：101
- 刀具直径：10
- XY 轴进给：100
- 主轴转速：250
- 起始行号：10
- 程序号码：2000
- 吃刀深度：−7.000
- 精切削次数及加工量：0
- 进、退刀圆弧半径：20
- 相切加工
- 刀具号码：1
- 刀具长补正号码：1
- 安全高度：25
- Z 轴进给：100
- 行号增量：10
- 电脑不补正，控制器右补正（可按外形的选择不同而不同）
- 冷却液开
- 选择"执行（Done）"后，则在屏幕上出现刀具路径。

③ 后置处理，操作步骤如下：

选择"操作管理"→"执行后处理"，选择后置处理程序为 Mpfan. pst→"NCI"，输入档名：＊＊＊＊→"NC"，输入档名：＊＊＊＊（一般与 NCI 档的正名相同）→"确定"→

形成凸轮零件的 NC 程序文件。

对于具体的数控系统，需选择合适的后置处理程序，可通过选择"操作管理"→"执行后处理"→"更改后处理程序"→选择对应的后置处理程序即可。

3) 数控程序编辑与存盘

手工编程时，数控程序编辑与存盘可直接在数控系统操作界面的程序编辑中进行。

自动编程时，若选择了与数控系统相对应的后置处理程序，则所得到的 NC 程序不再需要编辑修改。否则，在做完后置处理后所得到的 NC 程序，还需在文本编辑器（如 EDIT）中，对其进行编辑修改，使其符合具体的数控系统程序格式。

对于华中 HNC-818 型数控铣削系统，自动编程后的数控程序编辑与存盘，其具体步骤如下（其他数控系统依具体数控程序格式而定）：

① 用编辑软件修改零件程序：如用 EDIT 编辑软件，删除零件程序中的注解部分，去掉无用的程序段（如有的打了"/"的部分，为程序注释部分），修改有关的指令（如将 G59 修改为 G54，去掉 G28、G29 等指令）。

② 套用华中 HNC-818 型数控系统的程序格式：程序开头格式为％××××，其中"××××"为程序号码，如为"2000"。

刀具补偿值的设置按面板"刀补"，在相应的刀号设置补偿半径。

采用手工或自动编程，以及数控程序编辑与存盘后，得到的该凸轮数控加工参考程序（程序名如取为 O2003）及说明如下：

程序	说明
% O2000	程序开头格式,如% 后跟程序号码 2000
# 101= 5	刀具半径补偿值为 5mm
N10 G54 G90 M03 S250	G54 对刀
N20 G00 X20 Y90 Z100	定位,Z 向至安全高度
N30 G01 Z- 7 F100	下刀
N40 G42 D101 Y70 M07	开始刀具半径补偿
N50 G02 X0 Y50 R20 F100	切入工件至 A 点;R 可用"I- 20 J0"代替
N60 G03 Y- 50 R50	切削 AB 弧;R 可用"I0 J- 50"代替
N70 X8. 6603 Y- 45 R10	切削 BC 弧;R 可用"I0 J10"代替
N80 G01 X25. 9808 Y- 15	切削 CD 直线
N90 G03 Y15 R30	切削 DE 弧;R 可用"I- 25. 9808 J15"代替
N100 G01 X8. 6603 Y45	切削 EF 直线
N110 G03 X0 Y50 R10	切削 AF 弧;R 可用"I- 8. 6603 J- 5"代替
N120 G02 X- 20 Y70 R20 F200	退刀;R 可用"I0 J20"代替
N130 G40 G01 Y90	取消刀具半径补偿
N140 G00 Z100 M05 M09	Z 向提刀至安全高度
N150 M30	程序结束

(5) 加工操作步骤

① 依次打开各电源开关：使总电源开关由"OFF"位置推到"ON"位置→将电气柜开关由"0"位置拨到"1"位置→按下操作面板上的系统启动按钮（绿色）→松开急停按钮，机床处于待加工状态，进入华中数控铣 HNC-818 型系统软件界面。

② 加工前机床调整如下：

a. 机床加注润滑油；

b. 机床 Z 轴回参考点；

c. 确定工件在机床工作台上的位置，夹紧工件毛坯；

d. 装夹刀具：ϕ10mm 螺旋立铣刀；

e. 调整机床主轴转速：S 250r/min，停车变速，绝不允许开车调整。

③ 对刀：采用手动或步进操作方式，对刀点为刀具相对于工件运动的起点，用来确定机床坐标系和工件坐标系（一般为编程坐标系）之间的关系，通过 G54 建立工件坐标系。

④ 输入、调用内存程序，具体如下所述。

a. 输入程序：程序→编辑→新建文件名（如 O1234）→输入程序→保存；

b. 调用内存程序进行编辑：程序→选择→通过上下光标键选择程序→编辑→保存。

⑤ 加工程序及轨迹校验：程序→程序校验→手动方式→锁住机床→自动方式→选择程序→确定→校验→循环启动→位置→图形，即可显示轨迹。

除了采用以上方法对数控程序和加工轨迹进行校验外，还可在数控自动编程系统软件中进行程序加工路径模拟。

⑥ 自动加工时注意事项，如下所述。

a. 自动加工：调入程序→将工作"方式选择"旋钮选择"自动"模式→通过校验确认程序准确无误后→"进给修调"旋钮选择合理速率和加工过程显示方式→按操作面板上的"循环启动"键，即可进行自动加工；

b. 只有通过校验后无误的程序才能进行自动加工；

c. 根据工件和刀具的加工位置，及时调整冷却液流量、位置；

d. 快要切入工件前，将进给修调值设置为 10 或 30，视加工余量逐步提高；

e. 遇紧急情况，立即按急停；

f. 进给保持由指导教师指导操作；

g. 操作人员不准擅离操作岗位，必须穿戴好各项劳保用品，遵守安全操作规程，不允许戴手套操作机床。

⑦ 用游标卡尺（量程为 0~150mm，精度为 0.02mm）检测零件。

⑧ 清理好机床，使机床工作面范围内整洁干净。

⑨ 关机按以下顺序：手动方式使工作台和主轴箱停在中间适当位置→先按下操作面板上的紧急停止按钮→再依次关掉面板电源、电气柜、总电源→整理好工具柜，清点并交还所借实训器械。

4.3 FANUC 0i mate-MB 系统下数控铣床操作与加工

4.3.1 FANUC 0i mate-MB 系统下数控铣床操作

FANUC 0i Mate-MB 铣削数控系统是由日本 FANUC 系统有限公司研制开发的，其 CRT-MDI 面板外形与 FANUC 0i mate-TB 数控车削系统的基本相同，如图 3.9 所示，其基本功能已在第 3 章中介绍。

对于 FANUC 0i mate-MB 系统下的数控铣床操作,现以南通数控立式升降台铣床 XK5025/4 为例(其外形见图 4.4),介绍其操作。

(1)机床主要参数

- 工作台行程:X 为 680mm,Y 为 350mm
- 主轴套筒行程:Z 为 130mm
- 升降台垂向行程:400mm
- 主轴孔锥度:ISO 30
- 切削进给速度范围:0~350mm/min
- 主轴转速范围:有级 65~4750r/min

(2)机床操作面板及其操作

数控铣床 XK5025/4 的机床操纵台由 CRT-MDI 面板和机床操作面板两部分组成。该数控铣床操作面板,如图 4.20 所示,各按键、旋钮功能见表 4.3。

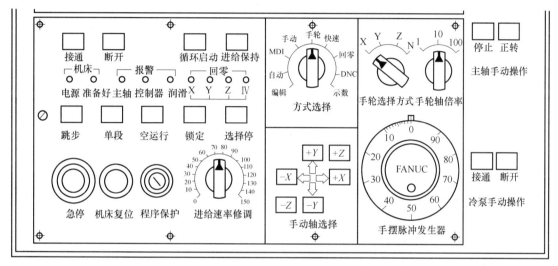

图 4.20 XK5025/4 数控铣床操作面板

表 4.3 数控铣床 XK5025/4 操作面板部分按键、旋钮功能

按键或旋钮	功能
接通	NC 接通
断开	NC 断开
循环启动	自动方式时,选择所要执行的程序,按下此按钮自动操作开始,自动操作执行期间,按钮内指示灯点亮
进给保持	自动操作执行期间,按下此按钮,机床运动轴减速停止
跳步	自动操作时此按钮接通,程序中有"\"的程序段将不执行
单段	自动操作执行程序时,每按一下循环启动按钮,只执行一个程序段
空运行	自动或 MDI 方式时,此按钮接通,机床按空运行方式执行程序
锁定	自动、MDI 或手动方式时,此按钮接通,即禁止所有轴向运动(已进给的轴将减速停止),但位置显示仍将更新,M、S、T 功能不受影响
选择停	此按钮接通,所执行的程序在遇有 M01 指令处,进给停止,主轴停转
急停	机床操作过程中,出现紧急情况时按下此按钮,伺服进给及主轴运行立即停止,CNC 数控系统进入急停状态
机床复位	机床通电后,释放急停按钮,如机床正常运行的条件均已具备,按下此按钮,强电复位并接通伺服
程序保护	此开关处于"0"的位置可保护内存程序及参数不被修改,需要执行存入或修改操作时,此开关应置"1"

续表

按键或旋钮	功能	
进给速率修调	以给定的 F 指令进给时,可在 0%～150%的范围内修改进给率。手动方式时,亦可用其改变其速率	
手动轴选择	手动方式下,"＋对应轴"为此轴正向按钮,"－对应轴"为此轴负向按钮	
手轮轴选择	手轮方式下,轴向选择	
手轮轴倍率	用于选择手轮进给的每格位置当量,倍率×1、×10、×100,位移当量分别为 0.001mm、0.01mm、0.1mm	
手摆脉冲发生器	手轮方式下,与手轮选择方式、手轮轴倍率配合,移动各轴	
	编辑	进行程序的输入、删除、修改,可自动保存在系统中
	自动	编辑方式输入的程序在自动方式下按循环启动键,加工
	MDI	手动数据输入(Manual Data Input),在此方式下手动输入程序后按循环启动键执行
	手动	处于手动方式,机床通过手动轴选择按键可连续移动
	手轮	处于手轮方式,手轮轴选择轴向,手轮轴倍率选择当量,机床通过转动手摇脉冲发生器移动
	快速	以 G00 速度快速移动机床
	回零	对于增量控制系统(使用增量式位置检测元件)的机床,当机床重新通电后,必须首先执行这一步,以建立机床各坐标的移动基准
	DNC	DNC 运行,也称为在线加工
	示教	示教编程方式

该数控机床的操作如下。

① 机床的开启,其步骤如下:

a. 打开机床主机上强电控制柜开关;

b. 在确认"急停"按钮处于急停状态下,按"接通"键,系统即开始引导,并进入数控系统;

c. 旋转解除"急停",长按"机床复位"键约 3 秒直至 CTR 显示器上报警消除,再按系统复位键(RESET);

d. 进行手动回参考点操作后,即可进行机床的正常操作。

② 手动操作,其操作方式如下所述。

a. 返回参考点:操作面板上的工作"方式选择"旋钮选择"回零(REF)"→选择 MDI 键盘上"POS(位置)"键→屏幕下方的章选择"综合"软键看机械坐标,各轴距离机床零点位置大于 20mm 以上→须先选坐标轴＋Z 回参考点,然后＋X、＋Y 依次序返回参考点,对应的 LED 灯将闪烁且屏幕上机械坐标显示:Z＝0。注意:回参考点必须先回 Z 轴,然后才回其他两轴;且不允许在各轴零点位置上进行"回零"操作,距本轴零点位置必须大于 20mm 以上。

b. 手动连续进给(JOG):工作"方式选择"旋钮选择"手动",调整"进给速率修调"旋钮速率,选择合理的进给速度,根据需要按住"手动轴选择键＋/－(X、Y、Z)"不放,机床将在对应的坐标轴和方向上产生连续移动。如将工作"方式选择"旋钮选择"快速(JOG)",机床将在对应方向上产生快速移动。

c. 手轮(增量)进给(MND):工作"方式选择"旋钮选择"手轮"、"手轮选择方式"旋钮选择所需的轴(X、Y、Z)、"手轮轴倍率"旋钮选取增量倍率单位(×1、×10、

×100)，顺时针（正向）或逆时针（负向）旋转"手摇脉冲发生器（手轮）"，每摇一个刻度，刀具在对应的轴向上移动 0.001mm、0.01mm、0.1mm。

d. 超程处理：按住"机床复位"键不松，同时工作"方式选择"旋钮选择"手轮"、"手轮选择方式"旋钮选择所需的轴（X、Y、Z）、"手轮轴倍率"旋钮选取增量倍率单位（×1、×10、×100），向超程的反方向旋转"手摇脉冲发生器（手轮）"，即可解除超程（必须在指导教师的指导下进行）。

③ MDI 运行：工作"方式选择"旋钮选择"MDI"，按 MDI 键盘上"PROG"（程序）键，通过 MDI 键盘手工输入若干个程序段（不能超过 10 段，每输入完一个程序段，按"INSERT"（插入）键，然后将光标移至程序头，按操作面板上的"循环启动"键，系统即可执行 MDI 程序。

④ 参考点的建立：以 G54 为例，工件坐标系原点作为参考点，其操作方法如下所述。

a. 手动返回参考点（没退出系统或系统没断电，且前面已进行了返回参考点的，可不进行此步）。

b. 在手动方式下，按图纸和工艺要求用寻边器和 Z 轴对刀器等找正工件坐标系的原点。

c. 按 MDI 键盘上的"OFF SET/SETTING"键→按屏幕下方的章选择"坐标系"软键→通过光标移动键将光标移至 G54（零点偏值）设置栏 X 处→在 MDI 键盘上输入"X 0"（当前刀位点在工件坐标系 x 轴的位置）→按屏幕下方的章选择的"测量"软键，G54 的 X 轴零点偏置值自动输入为机床坐标系中对刀的坐标值"－×××"；按以上同样方法操作将 Y、Z 值输入。

d. 按 MDI 键盘上的"POS"（位置）键→按屏幕下方的章选择"综合"→检查 G54 的 X、Y、Z 轴零点偏置值与当前机床坐标 X、Y、Z 值是否相同。

⑤ 刀具偏置设置：按 MDI 键盘上的"OFF SET/SETTING"键→按屏幕下方的章选择"补正"软键→在屏幕上通过光标移动键将光标移至所选刀号→按 MDI 键盘数据键输入刀具半径补偿值或长度补偿值→按"INPUT"键输入。

⑥ 编辑（EDIT），其操作过程如下所述。

a. 创建新程序：工作"方式选择"旋钮选择"编辑"→按 MDI 键盘上的"PROG"（程序）键→通过 MDI 键盘输入新程序文件名（O××××）→按 MDI 键盘上的"INSERT"键→通过 MDI 键盘输入程序代码，内容将在 CRT 屏幕上显示出来。

b. 程序查找：工作"方式选择"旋钮选择"编辑"→按 MDI 键盘上的"PROG"（程序）键→按 CRT 屏幕下方的章选择"DIR"软键→通过 MDI 键盘输入要查找的程序文件名（O××××）→按 CRT 屏幕下方的章选择"O 检索"软键，屏幕上即可显示要查找的程序内容。

c. 程序修改：工作"方式选择"旋钮选择"编辑"→通过程序查找将要修改的程序调出→使用 MDI 键盘上的光标移动键和翻页键，将光标移至要修改的字符处→通过 MDI 键盘输入要修改的内容→按 MDI 键盘上的程序编辑键"ALTER、INSERT、DELETE"对程序进行"替代、插入或删除"等操作。

d. 程序删除：工作"方式选择"旋钮选择"编辑"→按 MDI 键盘上的"PROG"（程序）键→通过 MDI 键盘输入要删除的程序文件名（O××××）→按 MDI 键盘上的"DELETE"（删除）键，即可删除该程序文件。

⑦ 自动运行，其操作过程如下所述。

a. 调用程序：按程序查找将要加工的程序调出。

b. 校验程序：工作"方式选择"旋钮选择"自动（MEM）"→按 MDI 键盘上的"GRAPH"（图形）键→按 CRT 显示屏下的章选择"图形"软键，显示屏上将出现一个坐标轴图形→根据需要按下机床操作面板上的"单段""锁定""空运行"键→确认无误后按"循环启动"，即可进行程序校验，屏幕上将同时绘出刀具运动轨迹。

注意：若选取了程序"单段"键，则系统每执行完一个程序段就会暂停，此时必须反复按"循环启动"键。空运行完毕必须取消"锁定""空运行"键方能进行自动加工。

c. 坐标复位：校验过程中若使用"锁定"，校验结束后要进行坐标复位。方法是：按 MDI 键盘上的"POS（位置）"键→CRT 显示屏下的章选择"绝对"软键→"操作"软键→▷ 菜单继续软键→"WRK-CD"软键→"全轴"软键。

d. 自动加工：调程序，确保光标位于程序头→工作"方式选择"旋钮选择"自动（MEM）"→通过校验确认程序准确无误后→"进给速率修调"旋钮选择合理速率和加工过程显示方式（POS、PROG、GRAPH）→按操作面板上的"循环启动"键，即可进行自动加工。

注意：加工过程中，可根据需要选择多种显示方式，如图形、程序、坐标等。操作方法参见数控系统有关章节。

e. 加工过程处理，分以下三点。

ⅰ. 加工暂停：按"进给保持"键，暂停执行程序→按主轴手动操作"停止"键可停主轴。

ⅱ. 加工恢复：在"自动"工作方式下按主轴手动操作"正转"键→按冷泵手动操作"接通"键→按"循环启动"键，即可恢复自动加工。

ⅲ. 加工取消：加工过程中若想退出，可按 MDI 键盘上的"RESET"（复位）键退出加工。

⑧ DNC 运行：DNC 加工，也叫在线加工。将机床与计算机联机→工作"方式选择"旋钮选择"DNC"→按 MDI 面板上"PROG"（程序）键→"进给速率修调"旋钮设置为"0"→按操作面板上"循环启动"键，CTR 屏幕显示"标头"，CNC 数控系统准备好→在联机计算机中通过软件将加工程序传输给 CNC→调整"进给速率修调"旋钮进行加工。

⑨ 关机，其操作步骤如下：

a. 检查操作面板上"循环启动"的显示灯，"循环启动"应在停止状态；

b. 检查 CNC 机床的所有可移动部件都处于停止状态；

c. 关闭与数控系统相连的外部输入/输出设备；

d. 按下"急停"→按"断开"键→关闭机床主机电源。

(3) 安全操作规程

① 学生初次操作机床，须仔细阅读《数控加工综合实践教程》，数控铣床或机床操作说明书，并在实训教师指导下操作。操作人员必须按操作规程正确操作，尽量避免因操作不当而引起的故障。

② 操作机床时，应按要求正确着装，不得穿拖鞋、高跟鞋、背心和围巾进入实习场所，不允许戴手套、耳机以及长项链等挂饰操作机床。

③ 按顺序开、关机。先开机床再开数控系统，先关数控系统再关机床。

④ 开机后首先进行返回机床参考点的操作，必须先回 Z 轴，然后再回 X、Y 轴，以建

立机床坐标系。

⑤ 手动连续进给操作时，必须检查各种开关所选择的位置是否正确，确定正负方向，然后再进行操作。手动操作沿 X、Y 轴方向移动工作台时，必须使 Z 轴处于安全高度位置，移动时应时刻注意观察刀具移动是否正常。

⑥ 正确对刀，确定工件坐标系与机床坐标系之间的关系。

⑦ 程序调试好后，需要进行程序试运行，在正式切削加工前，再检查一次程序、刀具、夹具、工件、参数等是否正确。

⑧ 机床操作过程中，严防刀具与机床工作台、夹具等产生干涉。

⑨ 刃磨刀具或更换刀具后，要重新测量 G54 的 Z 轴零点偏置。

⑩ 程序修改后，对修改部分要仔细计算和认真核对。

⑪ 机床运转中，严禁负责操作的学生离开操作区域或干其他工作，要始终观察加工过程，若发现异常情况，应立即按下红色急停按钮。待故障排除后，方可重新操作机床及执行程序。

⑫ 负责操作的学生在操作时，旁观同学除异常情况下可按急停外，严禁按控制面板的其他按钮或旋钮，以免发生事故。

⑬ 严禁用力拍打控制面板、触摸显示屏。严禁敲击工作台、夹具。

⑭ 禁止用手或其他任何方式接触正在旋转的主轴、工件或其他运动部位。

⑮ 禁止加工过程中测量、擦拭工件，以及打扫机床。

⑯ 加工完毕后，将 X、Y、Z 轴移动到行程的中间位置，并将进给速度倍率开关拨至低挡位，防止后续因误操作而使机床产生错误的动作。

⑰ 操作人员不得随意更改机床内部参数。

⑱ 装、卸刀过程中禁止运转主轴。

⑲ 出现机床报警时，应根据报警号查明原因，在教师的指导下及时排除。

⑳ 加工完毕，清理现场，并做好工作记录。

(4) 数控铣床日常维护及保养

① 保持良好的润滑状态，定期检查、清洗自动润滑系统，添加或更换油脂、油液，使丝杠、导轨等各运动部件始终保持良好的润滑状态，降低机械的磨损速度。

② 精度的检查调整：定期进行机床水平和机床精度的检查，必要时进行调整。

③ 清洁防锈。

④ 防潮防尘：必须定期清扫卫生。

⑤ 定期开机：数控铣床工作不饱满或较长时间不用，应定期开机让机床运行一段时间。

4.3.2 FANUC 0i mate-MB 系统下数控铣削加工实例

(1) 实习目的

通过操作数控铣床加工凸轮轮廓，熟悉和掌握机床操作、数控系统常用指令的使用和数控加工工艺的运用。

(2) 实习设备

FANUC 0i Mate-MB 系统，XK5025 或 KV650B 数控铣床及相应量具、刀具。

(3) 实习准备工作

加工零件如图 4.19 所示，材料为 5mm 厚铝合金板。加工选用 ϕ10mm4 刃高速钢螺旋立铣刀，切削用量选 $S=250\mathrm{r/min}$、$F=100\mathrm{mm/min}$。对于 FANUC 0i Mate-MB 数控系统，编程时可用 G92，也可以用 G54～G59 零点偏置来确定工件坐标系的原点在机床坐标系中的位置，程序结束使用 M30。工艺方案确定及程序编制等与前面介绍的配华中 HNC-818 系统的数控铣削加工实例基本相同。

(4) 加工操作步骤

① 开启机床。

a. 打开机床主机上强电控制柜开关；

b. 在确认"急停"按钮处于急停状态下时，按"接通"键，系统即开始引导，并进入数控系统；

c. 解除"急停"→RESET（系统复位键），消除系统报警。

② 手动返回参考点"回零"（REF）："工作方式"旋钮选择"回零"→选择"POS（位置）"键→"综合"软键看机械坐标，确保各轴距离机床零点位置大于 20mm 以上（即机械坐标值都小于 −20）→按住"+Z"不动，直至屏幕上机械坐标显示：Z=0，且对应的 LED 灯亮方能松手，Z 轴回到参考点→分别按住"+X"或"+Y"，直至回到对应参考点。

注意：为防止刀具和工件、夹具发生干涉，回参考点必须先回 Z 轴，然后才回其他两轴；且不允许在各轴零点位置上进行"回零"操作，距本轴零点位置必须大于 20mm 以上，不足时可通过手轮、手动等方式移动。

③ 装夹工件：使用合适的紧固件，将工件毛坯固定在机床工作台上，并保证毛坯左端面与 Y 轴平行，并调整机床主轴转速 S 为 250r/min。

④ 找正工件：采用手动或手轮操作方式，对刀点为刀具相对于工件运动的起点，用来确定机床坐标系和工件坐标系（一般为编程坐标系）之间的关系。对刀点可通过 G92 X＊＊Y＊＊Z＊＊设置，如本实例中的 G92 X0 Y0 Z30。

⑤ 输入程序："工作方式"旋钮选择"编辑"→按 MDI 键盘上的"PROG"（程序）键→按 CRT 屏幕下方的章选择"DIR"软键→通过 MDI 键盘输入新程序文件名（O××××）→按 MDI 键盘上的"INSERT"键→通过 MDI 键盘输入程序代码。

⑥ 设置刀具半径补偿值："OFFSET/SETTING"→"补正"软键→光标移到程序对应的 1 号刀半径补偿值位置→输入刀具半径补偿值"5"→按"INPUT"键（或"输入"软键）。

注释：数控铣床加工时，由于程序所控制的刀具刀位点的轨迹和实际刀具切削刃口切削出的工件轮廓并不重合，在尺寸上存在一个刀具半径的差别，为此就需要根据实际加工的形状尺寸算出刀具刀位点的轨迹坐标，据此来控制加工。而利用数控系统的刀具半径补偿功能时，编程时不需要考虑刀具实际尺寸，只需按照零件的轮廓计算坐标数据，有效简化了数控加工程序的编制。在实际加工前，只需将刀具的实际尺寸输入数控系统的刀具补偿值寄存器中，在程序执行过程中，数控系统根据加工程序调用这些补偿值并自动计算实际的刀具中心运动轨迹，使刀具偏离工件轮廓一个半径值，即进行刀具半径补偿。

⑦ 校验程序："工作方式"旋钮选择"自动"（MEM）→按 MDI 键盘上的"GRAPH"（图形）键→按 CRT 显示屏下的章选择软键"参数"键，设置合理的图形显示参数→按"图形"软键，显示屏上将出现一个坐标轴图形→按"锁定""空运行"键，对应指示灯亮→确认无误后按"循环启动"即可进行程序校验，屏幕上将同时绘出刀具运动轨迹。

⑧ 坐标复位：程序确认无误后解除"锁定""空运行"键，对应指示灯灭→按 MDI 键盘上的"POS（位置）"键→CRT 显示屏下"绝对"软键→"操作"软键→▷菜单继续软

键→"WRK-CD"软键→"全轴"软键

⑨ 自动加工："工作方式"旋钮选择"自动"(MEM)→"进给速率修调"旋钮选择合理速率→选择加工过程显示方式（POS、PROG 或 GRAPH）→按"循环启动"键，即可进行自动加工。

机床运行中，一旦发现异常情况，应立即按下红色急停按钮，终止机床的所有运动和操作。待故障排除后，方可重新操作机床及执行程序；出现机床报警时，应根据报警号查明原因，在教师指导下及时排除。

⑩ 用量具检测零件，按关机操作步骤正常关机，清理现场，并做好工作记录。

4.4　数控铣削加工作业实例

本节数控铣削加工采用华中 HNC-818 系统或 FANUC 0i mate-MB 系统。

(1) 平面轮廓零件

图 4.21 为平面轮廓零件，零件厚度为 5mm，采用手工或自动编程，工件坐标原点如图所示，位于零件上表面，加工参考数控程序（采用 FANUC 0i mate-MB 系统编程）如下。

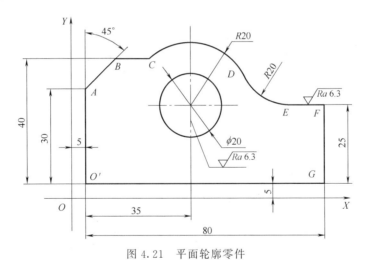

图 4.21　平面轮廓零件

① 加工 φ20mm 孔的程序（手工安装好 φ20mm 钻头）如下。

O1337;	
N0010 G92 X5 Y5 Z5;	设置对刀点
N0020 G90 M03 S500;	绝对坐标编程
N0030 G17 G00 X40 Y30;	在 XOY 平面内加工
N0040 G99 G81 X40 Y30 Z-6 R5 F150;	G99 返回参考平面 R5,G81 钻孔循环
N0050 G00 X5 Y5 Z5;	抬刀
N0060 M05;	
N0070 M30;	

② 铣轮廓的程序（手工安装好 φ5mm 立铣刀，不考虑刀具长度补偿）如下。

```
O1338;
# 01= 2.5;
N0010 G92 X5 Y5 Z5
N0020 G90 G41 G00 Y-20 D01 M03 S500;
N0030 G01 Z-5 F150;
N0040 G01 X5 Y-10 F150;
N0050 G01 Y35 F150;
N0060 G91;
N0070 G01 X10 Y10;
N0080 G01 X11.8 Y0;
N0090 G02 X30.5 Y-5 R20;
N0100 G03 X17.3 Y-10 R20;
N0110 G01 X10.4 Y0;
N0120 G01 X0 Y-25;
N0130 G01 X-90 Y0;
N0140 G90 G00 G40 X5 Y5 Z5;
N0150 M05;
N0160 M30;
```

(2) 挖槽、铣昆氏三维曲面零件复合加工

如图 4.22 所示,为挖槽、铣昆氏三维曲面零件,采用自动编程软件 MASTERCAM,零件材料为蜡模。

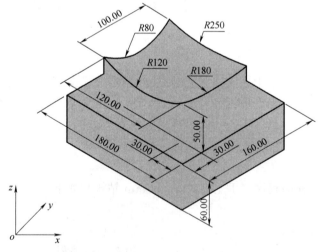

图 4.22 挖槽、铣昆氏三维曲面零件

1) 工艺参数设置

为提高数控加工轨迹的模拟速度,主要工艺参数参考设置如下。

① 挖槽时:

· 粗切间隙:5mm
· 挖槽深度:-20mm

· 切削方式:由外而内环切
· 打断为线段 0.5

- 刀具名称：×××××FLT
- 刀具直径：12mm
- XY 进给率：200mm/min
- 主轴转速：400r/min
- 增量：1mm
- 深度切削：次数为 1

②昆式曲面铣削时：

- 切削方向距离：3mm
- 截断方向距离：3mm
- 曲面熔接方式：线性 Linear
- 切削方式：双向 Zig Zag
- 切削方向：沿切削方向 Along

- 刀具半径补偿号：101
- 安全高度：20mm
- Z 进给率：400mm/min
- 起始号：1
- 程序号：300
- 走圆角形式：不走圆角 none

- 补正显示方向：同色实线 Solid
- 起始号：400
- 增量：1
- 程序号：400
- 刀具补正：电脑不补正

2）实习内容与要求

① 熟悉 CAD/CAM 软件（如 MASTERCAM）系统在数控加工中的应用，掌握数控复合加工的操作。

② 实习设备：南通 VC600 数控铣床，或 ZJK 7532 多功能数控钻铣床，或南通数控立式升降台铣床 XK5025/4，或其他数控铣床，以及有关辅助工具。

③ 掌握自动编程与后置处理。

④ 熟悉数控加工操作。

第5章

加工中心加工

5.1 加工中心的分类、组成及工装应用

5.1.1 加工中心的分类与组成

(1) 加工中心的分类

加工中心是在数控铣床的基础上发展起来的，其分类与数控铣床分类基本相同。加工中心属于中、高档数控机床，其伺服系统一般采用半闭环、全闭环或混合环控制。按机床主轴的布置形式及机床的布局特点来分类，可分为立式加工中心、卧式加工中心和龙门加工中心。

1）立式加工中心

如图 5.1 所示，立式加工中心的主轴垂直于工作台，主轴在空间处于垂直状态，它主要适用于板材、壳体、模具类零件的加工。

2）卧式加工中心

如图 5.2 所示，卧式加工中心主轴轴线与工作台平面方向平行，主轴在空间处于水平状态，采用回转工作台，一次装夹工件，通过工作台旋转可实现多个加工面加工，它主要适用于箱体类工件的加工。

图 5.1 立式加工中心

图 5.2 卧式加工中心

3）龙门加工中心

如图 5.3 所示，龙门加工中心的形状与数控龙门铣床相似，应用范围比数控龙门铣床更大。主轴多为垂直设置，除自动换刀装置以外，还带有可更换的主轴头附件，数控装置的功

能也较齐全，能够一机多用，尤其适用于大型或形状复杂的工件的加工。

图 5.3 龙门加工中心

(2) 加工中心的组成

加工中心与数控铣床的最大区别在于数控加工中心具有自动交换刀具的能力，通过在刀库安装不同用途的刀具，可在一次装夹中通过自动换刀装置改变主轴上的刀具，实现钻、铣、镗、攻螺纹、切槽等多种加工功能。它由床身、主轴箱、工作台、底座、立柱、横梁、进给机构、自动换刀装置、辅助系统（气液、润滑、冷却）、控制系统等组成。

加工中心的换刀方式一般有以下两种。

1）机械手换刀

机械手换刀的换刀装置是由刀库和机械手组成的，由刀库选刀，机械手完成换刀动作。加工中心普遍采用这种换刀形式，一般采用容量较大的链式刀库，适用于中型和大型加工中心。

2）刀库换刀

刀库换刀是通过刀库和主轴箱的配合动作来完成的。一般是把盘式刀库设置在主轴箱可以运动到的位置或整个刀库能移动到主轴箱可以到达的位置。换刀时，主轴运动到刀库上的换刀位置，由主轴直接取走或放回刀具。它适用于采用 40 把以下刀柄的中小型加工中心，如图 5.4 所示。

图 5.4 刀库换刀

5.1.2 加工中心的工艺装备应用

加工中心的工艺装备涵盖了数控铣床的所有工艺装备，但加工中心多了自动换刀装置和自动交换工作台。刀柄和刀具采用了系列、模块化设计和管理，采用先进技术设备进行机外精密对刀和工件精密测量。

(1) 加工中心的工具系统

1）加工中心的刀柄

数控加工中心的刀柄已标准化、系列化，如图5.5所示。另外，还有特殊用途的刀柄，如增速刀柄、转角刀柄、中心冷却刀柄、多轴刀柄等。

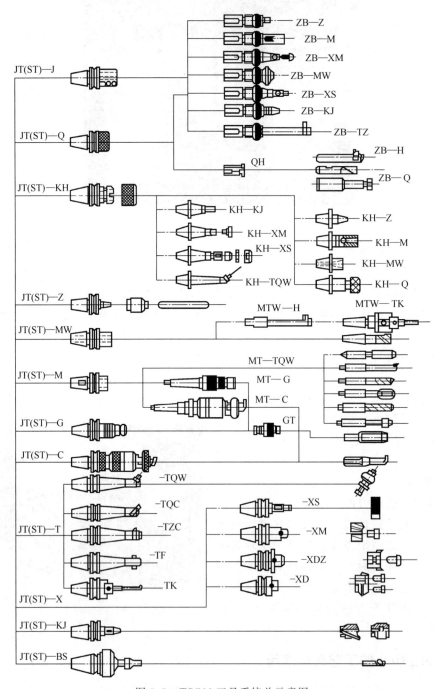

图5.5 TSG82工具系统总示意图

2）刀具

加工中心加工内容的多样性决定了所使用刀具的种类很多，除铣刀以外，加工中心使用比较多的是孔加工刀具，包括加工各种大小孔径的麻花钻、扩孔钻、锪孔钻、铰刀、镗刀、丝锥以及螺纹铣刀等。为了适应高效、高速、高刚性和大功率的加工发展要求，在选择刀具材料时，一般尽可能选用硬质合金刀具，精密镗孔等还可选用性能更好、更耐磨的立方氮化硼和金刚石刀具。这些孔加工刀具一般都采用涂层硬质合金材料，分为整体式和机夹可转位式两类，如图5.6所示。

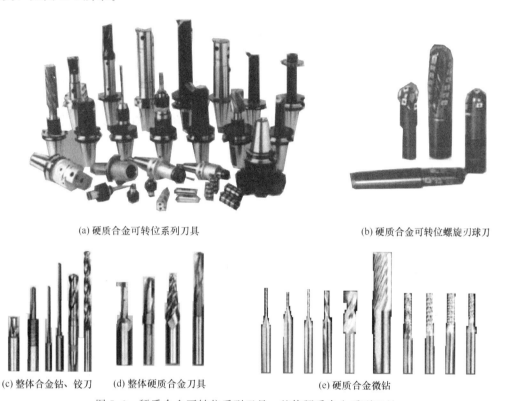

(a) 硬质合金可转位系列刀具 (b) 硬质合金可转位螺旋刃球刀

(c) 整体合金钻、铰刀 (d) 整体硬质合金刀具 (e) 硬质合金微钻

图5.6 硬质合金可转位系列刀具、整体硬质合金系列刀具

（2）对刀与测量设备

1）对刀仪

对刀仪用于刀具预调，确定所用刀具在刀柄上装夹好后的轴向尺寸和径向尺寸，供加工时使用。如用于孔精加工的可调镗刀，在加工前须先准确调整刀刃相对于主轴轴线的径向和轴向位置。在使用中因刀具磨损或损坏后换刀，需要用对刀仪重新测量刀具的主要参数，确定刀具的补偿值，输入机床后再进行加工。

① 对刀仪的组成。图5.7为某光学式对刀仪，其组成如下。

a. 刀柄定位机构：对刀仪的刀柄定位机构与标准刀柄锥面相对应，是测量的基准。

b. 测头和测量机构：用来获得刀刃切削点的 X、Z 方向的尺寸值，即刀具的径向尺寸和轴向尺寸。其测头有

图5.7 光学式对刀仪

接触式和非接触式两种测量机构。

c. 测量数据处理装置：将刀具的测量数据进行打印、存储或与上一级计算机联网，实现自动修正和补偿。

② 对刀仪使用时注意事项如下。

a. 测量前应用标准对刀芯轴进行校准（包括 X、Z 两个坐标）。

b. 静态测量的刀具尺寸与实际加工出的尺寸之间有一差别，因此对刀时要考虑一个修正量，径向尺寸一般要偏大 0.01~0.05mm。

2）测量设备

① 在线测量系统，如图 5.8 所示，它由红外通信触发测头、光电信号传输装置、测量软件等组成，其应用如下。

a. 在加工之前，对工件、工装实现自动定位测量，自动建立工件坐标系，对工件尺寸进行自动检测。

b. 在加工过程中，对工件关键尺寸和形状进行自动检测，自动修正刀具补偿值，加工超差报警。

c. 加工结束后，对工件尺寸和形状进行自动检测，加工超差报警。

② 投影仪、三坐标仪为加工中心机床重要的测量装备，分别如图 5.9、图 5.10 所示。

图 5.8　在线测量系统

图 5.9　投影仪

图 5.10　三坐标仪

5.2　华中 HNC-848 数控系统与加工中心操作

5.2.1　华中 HNC-848 数控系统

华中 HNC-848 数控系统是由武汉华中数控股份有限公司研制开发的，为全数字总线式高档数控装置，支持自主开发的 NCUC 总线协议及 ETHERCAT 总线协议，支持总线式全数字伺服驱动单元和绝对式伺服电机，支持总线式远程 I/O 单元，集成手持单元接口。系统采用双 IPC 单元的上下位机结构，具有高速高精加工控制、五轴联动控制、多轴多通道控制、双轴同步控制及误差补偿等高档数控系统功能，友好人性化 HMI，独特的智能 App

平台，面向数字化车间网络通信能力，将人、机床、设备紧密结合在一起，最大程度地提高生产效率，缩短制造准备时间。系统提供五轴加工、车铣复合加工，适用于航空航天、能源装备、汽车制造、船舶制造、3C（计算机、通信、消费电子）领域。具有以下功能：支持RTCP功能，提供两种编程方式（旋转轴角度编程和刀具矢量编程），倾斜面加工，三维仿真，智能化功能等。

华中数控 HNC-848 系统采用组合式面板，由显示屏幕、NC 键盘、机床控制面板等组成。

（1）华中数控 HNC-848 系统显示屏幕

HNC-848 系统的显示屏幕如图 5.11 所示。

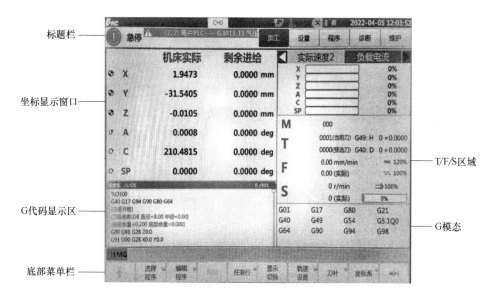

图 5.11　HNC-848 系统显示屏幕

1）标题栏

① 系统时间：当前系统时间。

② 加工方式：系统工作方式根据机床控制面板上相应按键的状态可在自动、MDI、手动、增量、回零、急停之间切换；点亮单段灯，则显示单段标记，否则不显示。

③ 主菜单键：加工、设置、程序、诊断、维护；通过点选菜单键，来切换到该模块主界面。

④ 系统报警信息。

2）坐标显示窗口

显示的是机床实际位置、工件实际位置、剩余进给等信息。

3）G 代码显示区

预览或显示加工程序的代码。

4）底部菜单栏

通过点选底部菜单栏中对应的功能键来完成系统界面切换和实现某种功能。

5）T/F/S 区域

① T：显示当前所选刀具的信息。

② F：进给轴运动时的合成速度信息和修调信息。

③ S：主轴运动时转速信息和修调信息。

6）G 模态

显示加工过程中的 G 模态。

(2) HNC-848 系统 NC 键盘

HNC-848 系统 NC 键盘如图 5.12 所示，包括精简型键盘（字母和数字键），以及八个主菜单键：加工 、设置、程序、诊断、调试、帮助、通道、用户。主要用于零件程序的编制、参数输入、MDI 及系统管理操作等。

图 5.12 HNC-848 系统 NC 键盘

(3) 机床控制面板

机床控制面板如图 5.13 所示，用于直接控制机床的动作或加工过程，控制面板各按键的功能如下。

图 5.13 HNC-848 系统机床控制面板

1）上电、关机、急停、回参考点

主要有机床控制面板开机、关机，使数控系统进入急停状态，以及机床回参考点等功能，具体说明如表 5.1 所示。

表 5.1　控制面板按键说明（一）

图案	名称	作用
	开机键	给数控系统上电
	关机键	关闭数控系统
	急停	机床运行出现危险或紧急情况时按下"急停"按钮进入急停状态，按箭头方向松开"急停"按钮进入复位状态
	回参考点	系统显示的当前工作方式不是回零方式，按一下控制面板上面的"回参考点"按键，按"Z""X""Y""A"和"C"，机床回"零点"

2）机床手动操作

主要有机床手动模式下开关冷却液、防护门工作灯，进给速度修调和手轮操作等功能，具体说明如表 5.2。

表 5.2　控制面板按键说明（二）

图案	名称	作用
	手动	按一下"手动"按键，系统处于手动模式
	快进	在手动进给时，若同时按压"快进"按键，则产生相应轴的快速运动
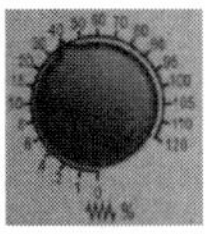	进给修调	当 F 代码编程的进给速度偏高或偏低时，可旋转进给修调波段开关，修调程序中编制的进给速度，其修调范围为 0%～120%
	快移修调	在自动方式或 MDI 运行方式下，旋转快移修调波段开关，修调程序中编制的快移速度，其修调范围为 0%～100%
	手轮	通过手摇可移动机床坐标轴：手摇旋钮选择轴，旋钮选择倍率波段开关"×1""×10""×100"(0.001、0.01、0.1mm)，顺时针或逆时针摇动手摇，使轴向正向或负向移动
	手摇试切	在非急停的状态下按一下控制面板上的"手摇试切"按键，控制机床坐标轴移动
	冷却	在手动方式下，按一下"冷却"按键，冷却液开，再按一下为冷却液关

图案	名称	作用
 防护门	防护门	在手动方式下,按一下"防护门"按键,防护门打开,再按一下为防护门关闭
 机床照明	工作灯	在手动方式下,按一下"机床照明"按键,打开工作灯,再按一下为关闭工作灯
 MDI	MDI	按"MDI"键进入 MDI 模式,可以输入并执行一行或多行 G 代码指令段,按"循环启动"键,系统即开始运行所输入的指令,可用于效验对刀点

3）主轴控制

主要有控制机床主轴转向、转速大小以及停止等功能，具体说明如表 5.3。

表 5.3 控制面板按键说明（三）

图案	名称	作用
 主轴正转	主轴正转	在手动方式下,按一下"主轴正转"按键,主轴以机床参数设定的转速正转
 主轴反转	主轴反转	在手动方式下,按一下"主轴反转"按键,主轴以机床参数设定的转速反转
 主轴停止	主轴停止	在手动方式下,按一下"主轴停止"按键,主轴停止运转
 主轴定向	主轴定向	在手动方式下,按"主轴定向"按键,主轴立即执行主轴定向功能,定向完成后,主轴准确停止在某一固定位置
 主轴点动	主轴点动	在手动方式下,按压"主轴点动"按键,主轴将产生正向连续转动,松开则主轴减速停止
 主轴速度修调	主轴速度修调	主轴修调波段开关可调整主轴速度,调整的倍率范围为 50%～120%

4）启动、暂停、中止

主要有控制机床自动运行、循环启动、程序跳段和停止等功能，具体说明如表 5.4。

表 5.4　控制面板按键说明（四）

图案	名称	作用
	自动	自动模式，机床自动运行程序
	单段	在自动或 MDI 状态下，按"单段"键，系统处于单段运行方式，按"循环启动"运行一段程序
	循环启动	在自动、单段、MDI 模式下，按"循环启动"键，机床开始自动运行程序
	进给保持	按"进给保持"键，系统处于进给保持状态，再按"循环启动"键，机床又开始自动运行程序
	程序跳段	程序中有跳段符号"/"，按"程序跳段"键，程序运行到有该符号标定的程序段，解除该键跳段功能无效
	选择停	程序有 M01 辅助指令，按"选择停"键，程序运行到 M01 指令停止，再按"循环启动"键程序段继续运行
	机床锁住	在手动方式下按"机床锁住"键，在自动方式下运行程序可以模拟程序运行，但机床停止不动，可用于校验程序

5.2.2　配华中 HNC-848 数控系统的加工中心操作

以高科机械 HMC-200i/5a 立式铣削加工中心为例，介绍加工中心的操作。

（1）加工中心主要特性与结构

1）加工中心主要特性

高科机械 HMC-200i/5a 立式加工中心是一种中小规格、高效的数控机床，由武汉高科机械设备制造有限公司自主研制，具有高速功能，专门用于加工复杂曲面，适用于加工叶轮、叶片、手机壳、五金配件、汽车零部件等产品。

该机床占地面积小、刚性强、结构对称、动态响应速度快、稳定性好，主轴转速为20000r/min，快移动速度48m/min，加速度1.2g，具有云台防腐摄像头和13.3寸高清显示屏，零件一次装夹可自动、高效地连续完成多个面的多种工序加工，包括斜面、曲面等复杂工序的加工。其主要技术参数如表5.5所示。

表 5.5　高科机械 HMC-200i/5a 立式加工中心主要参数

项目		单位	技术规格与参数
工作台	最大工件直径	mm	$\phi 200$
	C 轴回转工作台直径	mm	$\phi 200$

续表

项目		单位	技术规格与参数
工作台	A/C 转台最大负载重量	kg	40/20(水平/垂直)
	A/C 轴自锁方式	—	气动
行程	X 轴、Y 轴、Z 轴行程	mm	500/400/310
	A 轴可倾斜角度	(°)	±100
	C 轴回转角度	(°)	360
主轴	主轴最高转速	r/min	20000
	主轴锥度	—	BT30
	主轴额定功率	kW	3.7
	主轴额定扭矩	Nm	5.9
速度	X/Y/Z 轴线性轴最大进给速度	mm/min	10000
	X/Y/Z 轴线性轴最大快移速度	mm/min	36000/36000/36000
	A/C 轴最大转速	r/min	250/400
精度	C 轴最小分辨率	(°)	0.001
	A/C 定位精度	arc sec(角秒)	12/12
	A/C 重复定位精度	arc sec(角秒)	8/8
	X、Y、Z 定位精度	mm	0.025
	X、Y、Z 重复定位精度	mm	0.015
刀库	刀库形式	—	飞碟式刀库
	刀库容量	T	16
	刀柄/刀具长度	mm	≤120
	换刀时间(T-T)	s	4
	最大刀径(满刀/空邻刀)	mm	ϕ53mm/ϕ60mm
	最大刀具重量	kg	2.5
系统	数控系统	—	HNC 848Di 数控系统
	CCD 摄像头	—	海康威视防爆摄像头
	触摸显示屏	in[①]	13.3
其他	电源要求	—	3-AC380V\50Hz\38kVA
	气压	MPa	0.5～0.7
	机器毛重	t	3.6
	机器尺寸(长×宽×高)	mm	2000×2150×2400

① 1in=0.0254m。

2) 加工中心的结构

本机床由床身部件、立柱部件、主轴部件、工作台部件、刀库部件、润滑系统、冷却系统、气动系统、电气系统、控制面板等部分组成。其外形结构如图 5.14 所示。

(2) 加工中心机床操作

1) 开机操作

① 检查机床外围是否出现异常;

② 打开气泵、空气压缩机电源；

③ 使总电源开关由"OFF"位置推到"ON"位置；

④ 按下操作面板上的系统启动按钮（即开机键），进入图形用户界面屏幕；

⑤ 松开急停按钮，按下操作面板左侧复位（Reset）按键，机床处于待加工状态。

2）机床回零操作

① 按 回参考点；

② 先按 Z，使 Z 轴回参考点；

③ 同样方法，按 X 键、Y 键、A 键和 C 键，分别使 X 轴、Y 轴、A 轴和 C 轴回到参考点。

图 5.14 高科机械 HMC-200i/5a 立式加工中心

3）程序编辑

① 选择程序：自动→加工（MCH）→选择程序→用光标键找到相应程序→按 Enter 打开程序；

② 新建程序：程序（PRG）→按系统盘按键→新建程序→输入程序名→按 Enter 新建程序完成；

③ 复制 U 盘程序：插入 U 盘→程序（PRG）→选择 U 盘按键→选择要复制程序标记"√"→复制→选择系统盘→粘贴。

4）刀库装刀操作

① 首先确定刀库空刀位。

② 通过 MDI 面板手工输入程序段 T×M06，选择空刀位，其中"×"为空刀位号（在换刀动作完成后，主轴上无刀）。

③ 刀库复位后，选择手动模式，并按照"刀具放松"→手工装刀→按"刀具夹紧"的操作流程，将刀具连同刀柄安装至主轴锥孔内。

④ 如重复操作②，即完成第一把刀的装入刀库，并可继续安装刀具入库。如果 MDI 面板手工输入程序段：T Y M06，其中"Y"为已装入刀具的刀位号，则在完成第一把刀装刀入库的同时，完成"Y"号刀装入主轴。

⑤ 装刀注意事项，有以下几点：

a. 刀具柄拉钉必须上紧，刀具装夹正确、牢靠，刀柄、夹头必须清洁干净，无杂物和灰尘。

b. 装刀前必须对刀库进行检查、诊断。

5）刀具补偿值的确定

① 长度补偿：加工中心上使用的刀具很多，每把刀具的实际位置与编程的规定位置都不相同，这些差值为刀具的长度补偿值，需在加工前分别进行设置，可记录在刀具明细表中，以供机床操作人员使用，或通过打表确定长度方向刀补值：百分表测量主轴端面位置→按"设置（Set）"→坐标系→按"相对清零"→Z 轴清零→MDI 键输入换刀指令（调入相应刀具）→移动 Z 轴使得刀尖到百分表位置→Z 轴相对变化数值为长度刀补值→按"设置（Set）"→刀补→输入长度补偿 Z。

② 半径补偿：刀具的半径补偿根据刀具直径和加工精度输入。

6）对刀

① 对刀：按"设置（Set）"→工件测量→选择测量方法→通过手轮模式对"X""Y"方向进行对刀并读取相应数值→选 G54 并按"坐标设定"→试切工件上表面→"设置（Set）"→把长度补偿值输入 G54 的 Z 中（负值），完成 G54 对刀操作；

② 校验对刀是否正确：MDI 模式→输入：G54 G90 G01 X0 Y0 F800→再输入 G01 G43.4 H01 Z20→关上防护门，自动模式下按"循环启动"校验对刀点。

7）程序校验

① 调入要校验的加工程序；

② "手动"下按"机床锁住"，按"自动"进入程序运行方式；

③ 在加工底部菜单下，按"程序校验"对应功能键，此时系统操作界面的工作方式显示改为"校验"；

④ 按机床控制面板上的"循环启动"按键，程序校验开始；

⑤ 若程序正确，校验完后，光标将返回到程序头，且系统操作界面的工作方式显示为"自动"；若程序有错，命令行将提示程序的哪一行有错。

8）关机操作

① 在确认程序运行完毕后，机床已停止运动，手动使主轴和工作台停在中间位置，避免发生碰撞；

② 按下操作面板上的急停按钮；

③ 关掉面板电源（即按下关机键░░）；

④ 使总电源开关由"ON"位置推到"OFF"位置，关闭总电源，关好机床防护门；

⑤ 关气泵，空气压缩机电源。

9）安全操作规程

在数控铣床安全操作规程的基础上，加工中心还有以下安全操作规程：

① 回零必须先回 Z 轴；X、Y、Z 回零时不能停在各轴零点位置上回零；各轴离零点位置的距离，必须大于 20mm 以上（往负方向手动）；回零时进给修调速率必须要在 80%以下。

② 加工时进给修调速率值要适当，一般应当由慢到合适，在 80%以下进行调整。

③ 确认主轴回零，主轴刀号对应刀库刀号。

④ 机床自动润滑泵应保持油面高度，否则机床不运行。

⑤ 空气压缩机停机后，重新启动时的工作压力 $P \leqslant 2\text{kgf/cm}^2$[①]，否则须放气处理后再重新启动空气压缩机。空气压缩机必须注意定时放水，一般 3～5 天一次，冬天时要每天放干净；数控机床工作时，气动系统工作压力 $P \geqslant 6\text{kgf/cm}^2$。

⑥ 数控机床启动后，须先用低速逐步加速空运转 10～30min，以利于保持机床的高精度、长寿命，尤其在冬天气温较低时更应注意。

⑦ 零件装夹牢靠，夹具上各零部件应不妨碍机床对零件各表面的加工，不能影响加工中的走刀、产生碰撞等。

⑧ 对于编好的程序和刀具、刀库各个参数数据值必须认真进行检查核对，并且在加工前安排好试运行。

---

① 1kgf＝9.80665N。

5.3　其他数控系统与加工中心操作

5.3.1　SIEMENS 840D 数控系统

SIEMENS 840D 数控系统是由德国 Siemens 公司研制开发的，它具有的主要功能特点：驱动控制和 NC 控制集成在一个模块上；采用 32bit 的微处理器，三轴联动控制，最高可扩展到五轴联动；最小输入单位为 0.001mm 或 0.0001mm；最大指令值为 +/−9999.99mm；英/公制转换；刀具偏置量寄存；反向间隙及螺距误差补偿；具有刀具长度及半径补偿，直线、多象限圆弧插补及 NURBS 高级插补；能进行测量回路波形检查，机床刚性检测；有 RS-232 通信接口，编程可采用固定循环及子程序等。

(1) SIEMENS 840D 数控系统面板

SIEMENS 840D 数控系统采用超薄组合式面板，如图 5.15 所示，它由 CRT 显示器、NC 键盘（MDI 键盘、软键区）、机床操作面板等组成。

1）CRT-NC 键盘面板

SIEMENS 840D 数控系统的 CRT-NC 键盘面板如图 5.16 所示，面板上各操作键的功能

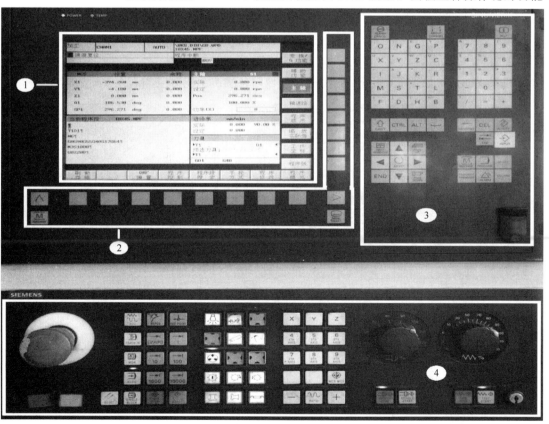

图 5.15　SIEMENS 840D 数控系统面板
1—CRT 显示器；2—软键区；3—MDI 键盘；4—机床操作面板

具体见数控系统说明书。

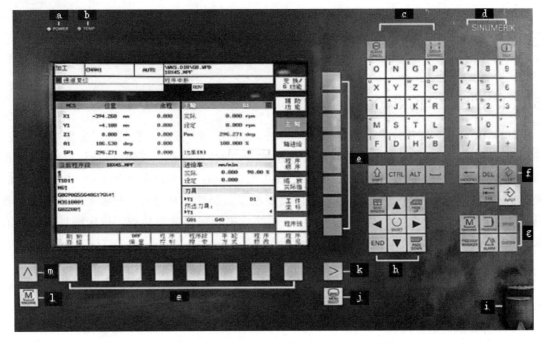

图 5.16　SIEMENS 840D 的 CRT-NC 键盘面板

a—状态 LED 灯：电源；b—状态 LED 灯：温度；c—字母区；d—数字区；e—软键；f—控制键区；

g—热键区；h—光标区；i—USB 接口；j—菜单选择键；k—菜单扩展键；l—加工区域键；m—菜单返回键

2）机床操作面板

机床操作面板如图 5.17 所示，①～⑩区域内各按钮功能对应如表 5.6 所述。

图 5.17　机床操作面板

表 5.6　机床操作面板按钮功能简介

序号	按钮、快捷键图标	名称	功能说明
①		急停	在下列情况下按下此键： • 有生命危险时 • 存在机床或者工件受损的危险。 采用最大制动力矩停止所有驱动

续表

序号	按钮、快捷键图标	名称	功能说明
②		电源、指令设备的安装位置	$d=16$mm(d 为安装位置孔的直径)
③		复位	• 中断当前程序的处理。NCK 控制系统保持和机床同步;系统恢复初始设置,准备好再次运行程序。 • 删除报警
④	SINGLE BLOCK	程序控制	<SINGLE BLOCK> 打开/关闭单程序段模式
	CYCLE STOP		<CYCLE STOP> NC 停止,停止执行程序
	CYCLE START		<CYCLE START> NC 启动,开始执行程序
⑤	JOG	运行方式、机床功能	<JOG> 选择运行方式"JOG",即手动运行方式
	TEACH IN		<TEACH IN> 选择运行方式"示教"
	MDA		<MDA> 选择运行方式"MDA"
	AUTO		<AUTO> 选择运行方式"AUTO",即自动运行方式
	REPOS		<REPOS> 再定位、重新逼近轮廓
	REF.POINT		<REF POINT> 返回参考点
	[VAR]		Inc <VAR>(可变增量进给) 以可变增量运行
	1 … 10000		Inc(增量进给) 以设定的增量值 1、...、10000 运行
⑥	—	用户自定义键	(15 个自定义按钮)
⑦	X … Z	运行轴、带快速移动倍率和坐标转换	轴按键,选择 X、...、Z 轴
	+ -		方向键,选择待运行的方向
	RAPID		<RAPID> 按下方向按键时快速移动轴
	WCS MCS		<WCS MCS> 在工件坐标系(WCS)和机床坐标系(MCS)之间切换

序号	按钮、快捷键图标	名称	功能说明
⑧	SPINDLE STOP	主轴控制、带倍率开关	＜SPINDLE STOP＞ 主轴停止
	SPINDLE START		＜SPINDLE START＞ 启动主轴
⑨	FEED STOP	进给控制、带倍率开关	＜FEED STOP＞ 停止执行正在运行的程序,并停止进给轴驱动
	FEED START		＜FEED START＞ 启动当前程序段的执行,进给轴加速到程序指定的进给率
⑩		钥匙开关	四个位置

(2) 软键盘和用户图形界面

图 5.15 中的软键区和 CRT 显示器构成软键盘和用户图形界面,如图 5.18 所示。如系统带有中文翻译软件,则菜单功能为中文界面。该系统提供一系列的键和软功能键,在所有操作区域和菜单中,它们都具有对应的功能。如果配备有鼠标,则操作更为便捷。

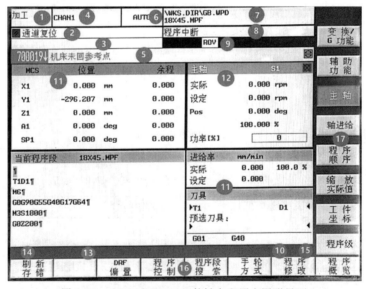

图 5.18　SIEMENS 840D 软键盘和用户图形界面

1—当前操作区;2—通道状态;3—程序状态;4—通道名称;5—告警和信息;6—操作区"加工"模式;
7—选定程序路径和程序名称;8—通道状态信息;9—通道状态显示;10—扩展指示;11—工作窗口;
12—加工信息显示;13—带用户信息对话行;14—返回;15—扩展功能;
16—水平方向软键菜单栏;17—垂直方向软键菜单栏

1) 菜单窗口中的操作

SIEMENS 840D 菜单窗口中的键功能如表 5.7。

表 5.7　菜单窗口中键功能

键图标	功能键说明
	改变菜单窗口:将聚焦窗切换到所选择的菜单窗口
	滚动菜单窗口:窗口中的内容向前或向后滚动一页(屏幕页)
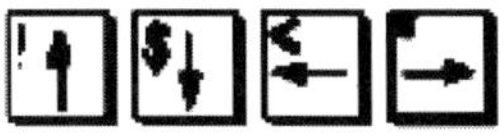	移动光标:在菜单窗口中把光标移动到所需要的位置

2）目录树中的操作

SIEMENS 840D 菜单目录树中的操作键功能如表 5.8 所示。

表 5.8　菜单目录树中键功能

键图标	功能键说明
	选目录/文件:移动光标到所要的目录/文件上
	打开/关闭目录:打开或关闭所选择的目录
	打开文件:打开所要的文件
	选文件:选择所要的文件
	选择几个文件:同时按下此键和"光标下移"键
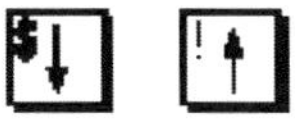	选择一个块的起端:按下"光标上移"或"光标下移"键时,可选到相邻的文件
	撤去对所选零件的选择
	注销所有的零件

3）输入量/数值的编辑

若要对输入量/数值进行编辑,在输入区的右边常自动显示出对应的键,其键功能如表 5.9。

表 5.9　对输入量/数值进行编辑的键

键图标	功能键说明
	选择区(遥控按钮或供挑选的条框):激活或不激活选择区
	输入区:进入输入方式,用数字键输入数值或字(例如:文件名,类型等);如果一开始把光标放在输入区,就自动地转到输入方式
	每次都要用"输入"键确认输入后,该数值被接受

4）确认/注销输入

确认/注销输入的键功能如表 5.10。

表 5.10 确认/注销输入的键功能

键图标	功能键说明
OK	确认输入：保存输入值并退出当前菜单,自动转到调用它的菜单
Cancel	注销输入：不接受输入值并退出当前菜单
 △	不接受输入值并退出当前菜单：自动转到上一级菜单
 ◿	清除：将当前的输入值清除,但保持当前菜单

5.3.2 配 SIEMENS 840D 数控系统的加工中心操作

下面以南通 XH714/6 立式铣削加工中心为例，介绍加工中心的操作。

(1) 加工中心主要特性与结构

1）加工中心主要特性

XH714/6 立式加工中心是一种中小规格、高效的数控机床。通过编程，在一次装夹中可自动完成铣、镗、钻、铰、攻螺纹等多种工序的加工。若选用数控转台，可扩大为四轴控制，实现多面加工。

该机床采用稠筋封闭式框架结构，刚性和抗震性好；主传动采用交流调速电机，在 45～450r/min 范围内无级变速，对不同零件加工的适应力强。三向采用镶钢贴塑导轨副，滚珠丝杠传动，高速进给振动小，低速无爬行，精度稳定性高；间隙自动润滑系统使各主要运动部件均能得到良好的自动润滑，有效地提高了可靠性和使用寿命，因此，该机床具有刚性好、变速范围宽、精度高、柔性大等特点，特别适用于中小复杂零件的自动加工。

其主要技术参数如下：

- 主轴孔锥度 ISO 40# （7∶24）
- 主轴转数（电机无级调速）45～4500r/min
- 工作台面积（宽×长）400mm×1150mm
- 工作台纵向行程（X 轴）720mm
- 工作台横向行程（Y 轴）400mm
- 垂向行程（Z 轴）500mm
- 主轴端面至工作台面距离 125～625mm
- 主轴中心至立柱导轨面距离 450mm
- 工作台中心至立柱导轨面距离 245～645mm
- 进给速度范围 1～5000mm/min
- 快速移动速度 10m/min
- 刀库容量 20 把
- 换刀时间 7s
- 分辨率 0.001mm
- 定位精度 X 轴 0.040mm
- 定位精度 Y、Z 轴 0.030mm
- 重复定位精度 0.016mm
- 控制系统型号 SIEMENS 840D

2）加工中心的结构

本机床由床身部件、立柱部件、铣头部件、工作台床鞍部件、刀库部件、润滑系统、冷却系统、气动系统、电气系统等部分组成。其外形结构如图 5.1 所示。

(2) 南通 XH714/6 立式铣削加工中心操作

1）开机操作

① 打开机床电箱上的总电源控制开关（钥匙开关）。

② 合上总电源开关（空气开关），这时电箱上的"power on"指示灯亮，表示电源接通。

③ 确认急停按钮为急停状态，按下操纵台右侧绿色开启按钮，这时 CNC 通电显示器亮，系统启动，进入图形用户界面屏幕。

④ 合上外部设备空气压缩机电源开关，空压机启动送气到规定压力。

⑤ 释放急停按钮，按下操作面板左侧复位按键，再按报警应答键，机床处于准备工作状态。

2）机床回零操作

① 按 手动→按 回参考点；

② 激活系统，LED 显示回参考点信息；

③ 按 复位→ 主轴启动→ 进给启动；

④ 选择轴选择键 **Z**；

⑤ 选择方向选择键 **+**（正方向回参考点）；

⑥ 主轴向上移动回参考点，屏幕显示"Z ◑ 0.000"；

⑦ 同样方法，改变"轴选择键"，选择 **X** 或 **Y** 或 **4**（4 为主轴号）；

⑧ 选择方向选择键 **+**；

⑨ 工作台 X 轴，Y 轴及主轴回到参考点。

3）零点偏置设置操作

在 SIEMENS 840D 操作面板，在用户图形界面水平方向软键菜单栏中，选择"刻线"软键，以 G54 为例，其设置过程如下：

G17 XY 平面；

G54 零偏；

输入 X-×××××按 确认；

输入 Y-×××××按 确认；

输入 Z-×××××按 确认；

按垂直方向软键菜单栏中"确认"软键，这样就确定了工件坐标系零点在机床坐标系中的位置。

4）刀库装刀操作

① 按 MDA 方式，激活 LED 显示，通过 MDI 面板手工输入程序段：

T×M06   /选择空刀座，其中"×"为空刀座号

L221   /换刀子程序（L221 为换刀专用程序）

换刀完成后，主轴上无刀。

② 刀库复位后，按 JOG 手动方式，按"刀具放松"→手工装刀→按"刀具夹紧"。

③ 装第 2 把刀，重复①，即选择第二个空刀座；依次执行，将刀库装满。

④ 所有空刀座装刀完成后，调任一把刀，即主轴上总是存在一把刀具。

⑤ 装刀注意事项，有以下几点：

a. 刀具柄拉钉必须上紧，刀具装夹正确、牢靠，刀柄、夹头必须清洁干净，无杂物和灰尘。

b. 装刀前必须对刀库进行检查、诊断，步骤如下：

ⅰ．在面板中，按▢区域转换键，LED 显示；

ⅱ．在水平方向软键菜单栏中，选择"诊断"软键，屏幕显示如下 PLC 状态：

$$MW4（主轴）\qquad ×$$

$$MW2（刀库）\qquad ×$$

ⅲ．检查其值是否对应一致，并相应检查刀库刀号、主轴刀号和 PLC 状态值是否对应一致。

5）程序及数据管理

① 程序输入及模拟运行的步骤。

a. 按▢区域转换键。

b. 在水平方向选择软键菜单栏，选择"程序"软键。

c. 在垂直方向选择软键菜单栏，选择"新的"软键。

d. 按光标提示输入文件名×××，按◈确认（.MPF 为主程序扩展名，.SPF 为子程序扩展名）。

e. 在垂直方向软键菜单栏中，选择"确认"软键，进入编程器进行手工编程。

f. 程序编辑完毕后的模拟操作：在水平方向软键菜单栏中，选择"模拟"软键，进入模拟操作界面，进行数据调整和模拟运行。

② 刀具补偿设置操作步骤。

a. 按▢区域转换键；

b. 在水平方向软键菜单栏中，选择"参数"软键，进入刀具偏置界面；

c. 在垂直方向软键菜单栏中，选择"刀号"软键；

d. 在水平方向软键菜单栏中，选择"刀具补偿"；

e. 在光标的提示下，对每把刀具的刀具半径补偿及长度补偿数据值进行设置，按◈确认；

f. 最后在水平方向软键菜单栏中，选择"确认"软键，设定完参数。

③ 程序装载及程序调用步骤。

a. 程序装载：选择所用的程序，在使用前必须进行装载，方能进行自动加工，其操作如下：

ⅰ．按▢区域转换键；

ⅱ．在水平方向软键菜单栏中，选择"工件程序"软键，在程序概览界面中移动箭头选择程序；

ⅲ．在垂直方向软键菜单栏中，选择"装载"软键，装载完毕后选择"确认"；

ⅳ．按以上过程，也可以进行程序"卸载"。

b. 程序调用，其操作如下：

ⅰ．按▢区域转换键；

ⅱ．在水平方向软键菜单栏中，选择"程序"软键，选择"工件"软键，选择程序名×××（.MPF 为主程序，.SPF 为子程序）；

ⅲ．在垂直方向软键菜单栏中，选择"选择"软键；

ⅳ．按▣返回加工区域。

c. 程序管理，其操作如下：

ⅰ. 按 ▭ 区域转换键；

ⅱ. 在水平方向软键菜单栏中，选择"程序"软键；

ⅲ. 在垂直方向软键菜单栏中，选择"程序管理"软键，进入程序管理操作界面，选择相应软键，可以对程序进行"编辑""拷贝""删除""插入""更名"等操作。

6）刀具长度补偿值的确定

加工中心上使用的刀具很多，每把刀具的实际位置与编程的规定位置都不相同，这些差值就是刀具的长度补偿值，在加工时要分别进行设置，并记录在刀具明细表中，以供机床操作人员使用。

7）关机操作

有以下步骤：

① 在确认程序运行完毕后，机床已停止运动；手动使主轴和工作台停在中间位置，避免发生碰撞。

② 关闭空压机等外部设备电源，空气压缩机等外部设备停止运行。

③ 按下操作面板上的急停按钮。

④ 按下操作面板箱右侧的 Power off 红色按钮，这时 CNC 断电。

⑤ 关掉机床电箱上的空气开关，机床总电源停止。

⑥ 锁上总电源的启动控制开关（钥匙）。

⑦ 关闭总电源。

8）安全操作规程

在数控铣床安全操作规程的基础上，还有以下安全操作规程。

① 主轴负载逐步提高。

② 回零必须先回 Z 轴；X、Y、Z 回零时不能停在各轴零点位置上回零；各轴离零点位置的距离，必须大于 20mm 以上（往负方向手动）；回零时进给修调速率必须要在 80% 以下。

③ 加工时进给修调速率值要适当，一般应当由慢到合适，在 80% 以下进行调整。

④ 确认主轴（4 轴）必须回零，主轴刀号对应刀库刀号，而且无刀时才能进行刀库试运行换刀操作。只有进行了刀库试运行换刀操作无误后，才能进行自动加工。

⑤ 机床自动润滑泵应保持油面高度，否则机床不运行。

⑥ 空气压缩机停机后，重新启动时的工作压力 $P \leqslant 2\text{kgf/cm}^2$，否则须放气处理后再重新启动空气压缩机。空气压缩机必须注意定时放水，一般 3～5 天一次，冬天时要每天放干净。数控机床工作时，气动系统工作压力 $P \geqslant 6\text{kgf/cm}^2$。

⑦ 数控机床启动后，须先用低速逐步加速空运转 10～30min，以利于保持机床的高精度、长寿命，尤其在冬天气温较低的情况下更应注意。

⑧ 零件装夹牢靠，夹具上各零部件应不妨碍机床对零件各表面的加工，不能影响加工中的走刀、产生碰撞等。

⑨ 对于编好的程序和刀具、刀库各个参数数据值必须认真进行检查核对，并且于加工前安排好试运行。

5.3.3　FANUC 0i-MB 数控系统与操作

FANUC 0i-MB 数控系统与 FANUC 0i Mate-MB 数控系统同属于 FANUC 0i 系列数控

系统，FANUC 0i-MB 数控系统比 FANUC 0i Mate-MB 数控系统的功能更强，具有自动换刀功能、可增加第四轴控制功能等。FANUC 0i-MB 数控系统的 MDI 操作面板及操作功能，与 FANUC 0i Mate-MB 数控系统基本相同，见前面介绍的内容。

5.4 加工中心加工实例

5.4.1 加工实例

以下为 配华中 HNC-848 系统的高科机械 HMC-200i/5a 立式铣削加工中心的加工实例。

(1) 实习目的和基本要求

① 初步掌握华中 HNC-848 系统和高科机械 HMC-200i/5a 立式铣削加工中心的使用；

② 基本掌握数控铣削加工中心加工工艺，熟悉孔系零件加工及程序编制；

③ 熟悉掌握加工中心换刀装置，正确选用刀具，合理选择切削用量；

④ 掌握精密量具的使用和零件的精密测量；

⑤ 了解实习场地的规章制度及安全文明生产的要求。

(2) 实习准备工作

① 加工零件图，如图 5.19 所示。

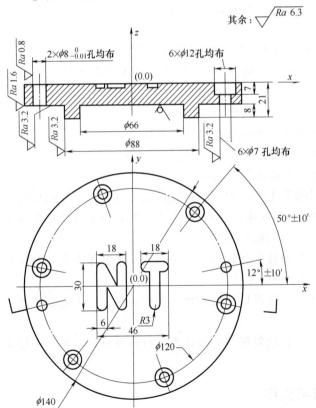

图 5.19 HMC-200i/5a 立式铣削加工中心加工实例零件图

② 量具：3～30mm 内测百分尺（精度 0.01mm），0～150mm 带表游标卡尺（精度 0.01mm），百分表及磁性表座，0～150mm 钢板尺。

③ 夹具：ϕ200mm 三爪定心卡盘、压板、螺栓及垫板等。

④ 辅助工具：10″扳手、卡盘扳手、手用台虎钳及万用百分表架等。

⑤ 工件毛坯：按图半精加工，外径 ϕ140mm，留精加工余量 2mm，采用普通机床 C620 或 C6136 加工外圆 ϕ140mm、ϕ88mm，内圆 ϕ66mm 及平面、端面。

(3) 工艺分析

① 确定工件坐标系：从图 5.19 确定，以 ϕ140mm、ϕ120mm 中心为坐标零点，确定 X、Y、Z 三轴，建立工件坐标系，对刀点 XY 平面坐标为 X0、Y0。

② 加工方案：采用工件一次装夹，自动换刀完成全部以下内容的加工。

a. ϕ140mm——外圆铣削，采用 ϕ12mm 螺旋立铣刀铣削加工。

b. NT 刻字铣削，采用 ϕ6mm 键槽铣刀铣削加工。

c. ϕ12mm，$6 \times \phi$7mm 孔均布，ϕ8mm 加工先打中心孔，采用 A2 中心钻钻中心孔。

d. $6 \times \phi$7mm 孔均布，$6 \times \phi$12mm 孔均布为同一中心孔，ϕ8mm 底孔采用 ϕ7mm 钻头钻孔。

e. $6 \times \phi$12mm 孔均布，孔深 7mm，采用 ϕ12mm 键槽铣刀锪孔。

f. ϕ8mm 采用铰刀（机用）铰前孔。

(4) 数值计算

根据零件图计算各坐标数据如下：

① ϕ140mm 外圆铣削：以（0，0）点，半径为 70mm 逆圆插补，刀具半径补偿 6mm。

② 以半径为 60mm，进行孔系加工，以 ϕ8mm/12°孔为基准孔，打出各孔中心孔，有关角度分别为：12°、50°、110°、170°、192°、230°、290°、350°。

③ 刻字坐标计算：刀具为 ϕ6mm，半径为 3mm，取刀具中心轨迹，其中：

a. N 字坐标点：X－20，Y－12；X－20，Y12；X－8，Y－12；X－8，Y12。

b. T 字坐标点：X20，Y12；X18，Y12；X14，Y－12。

(5) 编制数控加工工艺文件

包括机械加工工艺过程卡，毛坯工序卡，机械加工工序卡，热处理工序卡及表面处理工序卡，数控加工工序卡，数控加工程序说明卡和数控加工走刀路线图，钳工工序卡，特种检验工序卡，洗涤、防锈、油封工序卡和检验工序卡等内容，其格式如表 2.2、表 2.3 所示。

(6) 程序编制

本零件属盘类简单零件，采用手工编程，自动换刀，一次装夹完成整个零件加工，编制的参考程序及说明如下。

程序名　O0001

N102 T6 M6	换刀指令（ϕmm12 立铣刀）
N104 G90 G40 G54	
N106 G1 Z30 F1000	快移至对刀点，设安全高度
N108 G1 G41 T6 D1 X90 Y90 F1500	至起刀点，刀具左偏置
N110 M3 S600	主轴正转
N112 Z5	下刀
N114 G1 Z-14 F500	Z 向进刀
N116 X0 Y70 F100	切入工件

N118 G3 I0 J-70	加工 ϕ140mm 外圆
N120 G1 X-20	沿切线切出
N122 G1 Z30 F1000	提刀
N124 G40	取消刀具补偿
N126 G1 X0 Y0 F1500	回工件坐标系零点
N128 M5	主轴停
N130 T4 M6	换刀指令（ϕ12 立铣刀）
N132 G1 Z30 F1500	
N134 M3 S600	主轴正转
N136 G1 X-20 Y-20 F500	刻字开始，对刀
N138 G1 Z1 F200	下刀
N140 Z-2 F50	Z 向进刀切入 2mm
N142 Y12 F60	
N144 X-8 Y-12	
N146 Y12	N 字刻字完成
N148 Z30 F1600	提刀
N150 X8 Y12	T 字对刀
N152 G1 Z1 F200	下刀
N154 Z-2 F50	进刀切入 2mm
N156 X20 F200	
N158 X14	
N160 Y-12	T 字刻字完成
N162 Z30 F1500	提刀
N164 X0 Y0	
N166 M5	主轴停
N168 T10 M6	换刀（A2 中心钻）
N170 G90 G54 G40	
N172 M3 S500	主轴运转
N174 G1 X60 Y0 F1000	定位
N176 Z30	下刀
N178 G68 X0 Y0 P12	开启旋转变换第 1 孔，12°，中心钻定位
N180 G81 X60 Y0 Z-1 R3 F50	G81 钻孔指令
N182 G69	取消旋转变换
N184 G68 X0 Y0 P50	第 2 孔，50°
N186 G81 X60 Y0 Z-1 R3 F50	
N188 G69	
N190 G68 X0 Y0 P110	第 3 孔，110°
N192 G81 X60 Y0 Z-1 R3 F50	
N194 G69	
N196 G68 X0 Y0 P170	第 4 孔，170°

N198 G81 X60 Y0 Z-1 R3 F50

N200 G69

N202 G68 X0 Y0 P192　　　　　　第 5 孔，ϕ8mm 第二孔

N204 G81 X60 Y0 Z-1 R3 F50

N206 G69

N208 G68 X0 Y0 P230　　　　　　第 6 孔

N210 G81 X60 Y0 Z-1 R3 F50

N212 G69

N214 G68 X0 Y0 P290　　　　　　第 7 孔

N216 G81 X60 Y0 Z-1 R3 F50

N218 G69　　　　　　　　　　　　取消旋转

N220 G68 X0 Y0 P350　　　　　　第 8 孔

N222 G81 X60 Y0 Z-1 R3 F50

N224 G69

N226 G40　　　　　　　　　　　　取消刀具补偿

N228 G1 Z30 F1000　　　　　　　提刀

N230 X0 Y0

N232 M5　　　　　　　　　　　　主轴停

N234 T9 M6　　　　　　　　　　　换刀指令（ϕ7mm 麻花钻）

N236 G90 G54 G40

N238 M3 S600

N240 G1 X60 Y0 F1000

N242 Z30　　　　　　　　　　　　下刀

N244 G68 X0 Y0 P12　　　　　　开启旋转变换，第 1 个孔，半径 60mm，12°

N246 G81 X60 Y0 Z-16 R3 F50　　G81 钻孔指令

N248 G69

N250 G68 X0 Y0 P50　　　　　　第 2 孔

N252 G81 X60 Y0 Z-16 R3 F50

N254 G69

N256 G68 X0 Y0 P110　　　　　　第 3 孔

N258 G81 X60 Y0 Z-16 R3 F50

N260 G69

N262 G68 X0 Y0 P170　　　　　　第 4 孔

N264 G81 X60 Y0 Z-16 R3 F50

N268 G69

N270 G68 X0 Y0 P192　　　　　　第 5 孔

N272 G81 X60 Y0 Z-16 R3 F50

N274 G69

N276 G68 X0 Y0 P230　　　　　　第 6 孔

N278 G81 X60 Y0 Z-16 R3 F50

N280 G69

N282 G68 X0 Y0 P290　　　　　　第 7 孔

N284 G81 X60 Y0 Z-16 R3 F50

N286 G69

N288 G68 X0 Y0 P350　　　　　　第 8 孔

N290 G81 X60 Y0 Z-16 R3 F50

N292 G69

N294 G40

N296 G1 Z30 F1000　　　　　　提刀

N298 G0 X0 Y0

N300 M5　　　　　　主轴停

N302 T7 M6　　　　　　换刀指令（φ12mm 键铣刀）

N304 G90 G54 G40

N306 M3 S500　　　　　　主轴运转

N308 G1 X60 Y0 F1000

N310 G1 Z30

N312 G68 X0 Y0 P50　　　　　　开启旋转变换，第 1 孔，φ12mm×6 孔角度 50°

N314 G81 X60 Y0 Z-7 R3 F50　　钻孔指令

N316 G69

N318 G68 X0 Y0 P110

N320 G81 X60 Y0 Z-7 R3 F50

N322 G69

N324 G68 X0 Y0 P170

N326 G81 X60 Y0 Z-7 R3 F50

N328 G69

N330 G68 X0 Y0 P230

N332 G81 X60 Y0 Z-7 R3 F50

N334 G69

N336 G68 X0 Y0 P290

N338 G81 X60 Y0 Z-7 R3 F50

N340 G69

N342 G68 X0 Y0 P350

N344 G81 X60 Y0 Z-7 R3 F50

N346 G69

N348 G40

N350 G1 Z30 F1000　　　　　　提刀

N352 X0 Y0

N354 M5

N356 T5 M6　　　　　　换刀指令（φ8mm 铰刀）

N358 G90 G54 G40

N360 M03 S600

N362 G1 X60 Y0 F1000

N364 G1 Z30　　　　　　　　　下刀

N366 G68 X0 Y0 P12　　　　　　第1孔

N368 G81 X60 Y0 Z-16 R3 F50　　安全高度

N370 G69

N372 G81 X60 Y0 Z-16 R3 F50

N374 G68 X0 Y0 P192　　　　　　第2孔

N376 G69

N378 G40

N380 G1 Z30 F1000　　　　　　　提刀

N382 X0 Y0

N384 M5　　　　　　　　　　　　主轴停

N386 M30　　　　　　　　　　　程序结束

(7) 操作步骤

① 按开机操作步骤开机。

② 按回零操作步骤将各坐标轴手动回机床参考点（X、Y、Z、4）；然后手动将各运动坐标轴移动到各坐标轴中间位置，机床主轴空运行 15min 以上，冬天空运行 30min 左右。

③ 开启空气压缩机，确认空气压缩机气动系统工作压力 $P \geqslant 6\text{kgf/cm}^2$。

④ 按刀库装刀操作步骤和注意事项进行检查核对；然后进行刀库试运行；试运行过程中注意事项如下：

a. 在刀库进入主轴的过程中发现主轴位置不在准停位置，可以迅速按"复位"键或"急停"按钮，停止刀库试运行，刀库返回。

b. 主轴位置不在准停位置的主要原因是：主轴（4轴）回零不好或根本没有回零；主轴空运行时间不够。

c. 在刀库进入主轴后，绝对不允许按"复位"键或"急停"按钮、不能断电，否则将损坏刀库和机床主轴。可以按"进给保持"键暂停运行，观察刀库运行情况。

⑤ 按刀库装刀操作步骤装刀。

⑥ 清洁工作台，安装夹具。

⑦ 找正夹具，输入工件坐标系参数，安装工件并对刀，确定各刀具的补偿值。

⑧ 输入或调用程序模拟运行。

⑨ 调试加工程序，进行空运行校验，试切。

⑩ 试切符合要求进行自动加工运行。

⑪ 测量，进行加工质量分析。

⑫ 卸工件，并清理加工现场。

⑬ 按关机操作步骤，正常关机。

5.4.2　作业实例

图 5.20 为一空压机吸气阀盖头零件，材料为灰口铸铁，其加工部位是 $\phi 100\text{H8mm}$ 尺寸及 4×M6 螺孔，在配有 FANUC-0i-MB 数控系统的 XH713 型立式加工中心上加工，其参

考程序如下。

(1) 参考主程序 00004

N02 T12 M06;

N04 G60 G90 G56 X0 Y0;

N06 G00 G43 Z0 H12 S180 M03;

N08 G98 G82 Z-38. 95 R-28. P2000 F20;

N10 G00 G49 Z0 M05;

N12 T01 M06;

N14 G60 G90 G56 X0 Y0;

N16 G00 G43 ZH01 S180 M03;

N18 G98 G82 Z-39 R-28 P2000 F20;

N20 G00 G49 Z0 M05;

N22 T03 M06;

N24 G90 G60 G56 X0 Y0;

N26 G00 G43 Z0 H03 S350 M03;

N28 G98 G76 Z-38. 9 R-28 Q02 F20;

N30 G00 G49 Z0 M05;

N32 T05 M06;

N34 G00 G56 G90 X-90 Y0;

N36 G43 Z-30 H05 S380 M03;

N38 G01 X-55 F80;

N40 G03 X-55 Y0155 J0;

N42 G01 X-90;

N44 G00 G4920 M05;

N46 T07 M06;

N48 G90 G56 X-58 Y0;

N50 G43 Z0 H07 S600 M03;

N52 G99 G81 Z-63. 5 R-28 F40;

N54 M98 P4000;

N56 G00 G4920 M05;

N58 T10 M06:

N60 G90 G56 X-58 Y0;

N62 G43 Z0 H10 S100 M03;

N64 G98 G84 Z-54 R-25 F100;

N66 M98 P4000;

N68 G00 G4920 M05;

N70 G28 X0 Y0 Z0;

N72 M30;

(2) 子程序 04000

N80 X0 Y0;

N82 X158 Y0;

N84 X0 Y-58;

N86 M99;

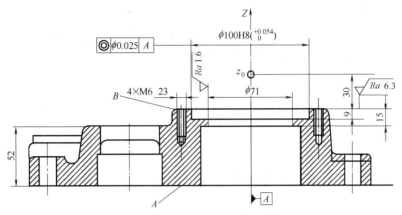

图 5.20　空压机吸气阀盖头零件

第6章

数控电火花成形加工

6.1 数控电火花成形机床分类与组成

（1）数控电火花成形机床的型号与分类

我国电火花成形（穿孔和型腔）加工机床的型号按 GB/T 15375—2008 规定，与线切割机床的型号规定基本相同，例如型号 DK7125 即表示机床工作台宽为 250mm 的数控电火花成形机床，型号含义说明如下：

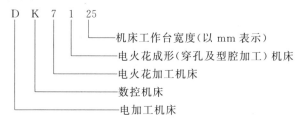

电火花成形机床（除穿孔机床可单列为一种外）按大小可分为小型、中型及大型三类；也可按精度等级分为标准精度型和高精度型；还可按工具电极自动进给系统的类型分为液压、步进电机、直流伺服电机驱动型；随着模具制造的需要，三坐标数控电火花机床广泛用于生产，带电极工具库且能自动更换电极工具的电火花加工中心也在逐步投入使用。

（2）数控电火花成形机床的组成

数控电火花成形机床一般由主机、脉冲电源与机床电气系统、数控系统和工作液循环过滤系统等部分组成。

6.2 数控电火花成形加工工艺与操作

6.2.1 数控电火花成形加工工艺

（1）电火花加工的特点及适用范围

1）电火花加工的特点

电火花加工又称为放电加工或电蚀加工，它是利用在一定介质中，通过工具电极和工件电极之间脉冲放电时的电腐蚀作用对工件进行加工的一种工艺方法。与常规的金属加工相比较，电火花加工具有如下特点。

① 电火花加工属不接触加工。工具电极和工件之间不直接接触，而有一个火花放电间隙（0.01～0.1mm），间隙中充满工作液。脉冲放电的能量密度高，便于加工用普通的机械加工方法难于加工或无法加工的特殊材料和复杂形状的工件。

② 加工过程中工具电极与工件材料不接触，两者之间宏观作用力极小。火花放电时，局部、瞬时爆炸力的平均值很小，不足以引起工件的变形和位移。

③ 电火花加工直接利用电能和热能来去除金属材料，与工件材料的强度和硬度等关系不大，因此可以用软的工具电极加工硬的工件，实现"以柔克刚"。

④ 脉冲参数可以在一个较大的范围内调节，可以在同一台机床上连续进行粗、半精及精加工。精加工时精度一般为 0.01mm，表面粗糙度 Ra 为 0.63～1.25μm；微精加工时精度可达 0.002～0.004mm，表面粗糙度 Ra 为 0.04～0.16μm。

⑤ 直接利用电能加工，便于实现加工过程的自动化。

2）电火花加工的适用范围

如图 6.1 所示为电火花加工的适用范围，具体有以下几个方面。

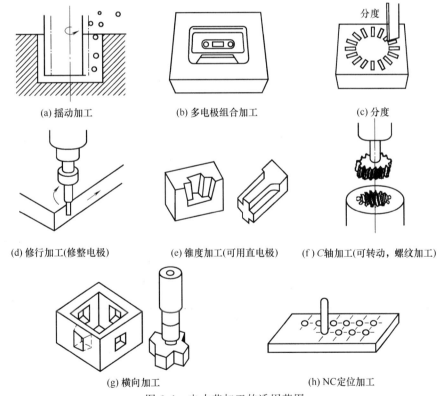

图 6.1　电火花加工的适用范围

① 可以加工任何难加工的金属材料和导电材料。用软的工具加工硬、韧的工件，甚至可以加工聚晶金刚石、立方氮化硼一类的超硬材料。目前电极材料多采用紫铜或石墨，使工具电极较容易加工。

② 可以加工形状复杂的表面，特别适用于复杂表面形状工件的加工，如复杂型腔模具加工，电加工采用数控技术以后，使得用简单的电极加工复杂形状零件成为现实。

③ 可以加工薄壁、弹性、低刚度、微细小孔、异形小孔、深小孔等有特殊要求的零件。由于加工中工具电极和工件的非接触，没有机械加工的切削力，更适宜加工低刚度工件及微细工件。

(2) 电火花加工的主要工艺参数

1）加工速度

电火花成形机加工速度是指在单位时间内工件被蚀除的体积或质量，一般用体积加工速度表示。

2）工具电极损耗

在电火花成形加工中，工具电极损耗直接影响仿形精度，特别对于型腔加工，电极损耗指标较加工速度更为重要。

电极损耗分为绝对损耗和相对损耗。绝对损耗最常用的是体积损耗 V_e 和长度损耗 V_{eh} 两种方式，它们分别表示在单位时间内，工具电极被蚀除的体积和长度。在电火花成形加工中，工具电极的不同部位，其损耗速度也不相同。

在精加工时，一般电规准选取较小，放电间隙太小，通道太窄，蚀除物在爆炸与工作液作用下，对电极表面不断撞击，加速了电极损耗。因此，如能适当增大放电间隙，改善通道状况，即可降低电极损耗。

3）表面粗糙度

表面粗糙度是指加工表面上的微观几何形状误差。对电加工表面来讲，即是加工表面放电痕——坑穴的聚集，由于坑穴表面会形成一个加工硬化层，而且能存润滑油，其耐磨性比同样粗糙度的机加表面要好，所以加工表面粗糙度值较大。而且在相同粗糙度的情况下，电加工表面比机加工表面亮度低。工件的电火花加工表面粗糙度直接影响其使用性能，如耐磨性、配合性质、接触刚度、疲劳强度和抗腐蚀性等。尤其对于高速、高洁、高压条件下工作的模具和零件，其表面粗糙度往往是决定其使用性能和使用寿命的关键。

4）放电间隙

放电间隙是指脉冲放电时工件和电极间的距离，实际效果反映在加工后工件尺寸的单边扩大量，是确定加工方案的基础。

以上各项都不是互相独立的，而是互相关联的。主要电参数对工艺指标的影响，见表 6.1。

表 6.1 主要电参数对工艺指标的影响

工艺指标 \ 电参数	加工速度	电极损耗	表面粗糙度值	备注
峰值电流 I_m ↑	↑	↑	↑	加工间隙 ↑ 型腔加工锥度 ↑
脉冲宽度 t_k ↑	↑	↓	↑	加工间隙 ↑ 加工稳定性 ↑
脉冲间隙 t_o ↑	↓	↑	○	加工稳定性 ↑
空载电压 V_o ↑	↓	○	↑	加工间隙 ↑ 加工稳定性 ↑
介质清洁度 ↑	中粗加工 ↓ 精加工 ↑	○	○	稳定性 ↑

注：○表示影响不大。

（3）电极材料及加工特性

电火花成形加工中为了得到良好的加工特性，电极材料的选择是一个极其重要的因素。它应具备加工速度高、电极消耗量小、电极加工性好、导电性好、机械强度好和价格低廉等优势。现在广泛使用的电极材料主要有以下几种。

① 铜：铜电极是应用最广泛的材料，采用负极性（工件接负极）加工钢时，可以得到很好的加工效果，选择适当的加工条件可得到无消耗电极加工（电极的消耗与工件消耗的质量之比<1％）。

② 石墨：与铜电极相比，石墨电极加工速度快，价格低，容易加工，特别适合于粗加工。用石墨电极加工钢时，可以采用负极性（工件接负极），也可以采用正极性（工件接正极）。从加工速度和加工表面粗糙度方面而言，正极性加工有利，但从电极消耗方面而言，负极性加工的电极消耗率小。

③ 钢：钢电极使用的情况较少，在冲模加工中，可以直接用冲头作电板加工冲模。但与铜及石墨电极相比，加工速度、电极消耗率等方面均较差。

④ 铜钨、银钨合金：用铜钨（Cu-W）及银钨（Ag-W）合金电极加工钢料时，特性与铜电极倾向基本一致，但由于价格很高，所以大多只用于加工硬质合金类耐热性材料。除此之外还用于在电加工机床上修整电极用，此时应用正极性。

（4）加工液的处理

在放电加工过程中产生的加工切屑、加工液燃烧分解生成的碳化物及气体的排出是否顺畅，直接影响加工质量、加工效率。

下面介绍几种常用的加工液处理方法。

1）电极跃动法

这种方法使电极作周期性上下运动（Z轴加工时），使加工屑等从极间排出。排出的效果由跃动速度、跃动量、跃动周期等来决定，还和摇动加工的使用、加工电条件、加工面积、加工深度、电极（或加工）形状有关。

2）喷流法

主要有电极喷流法［图6.2（a）］和底孔喷流法［图6.2（b）］。电极喷流时流量要根据放电面积、极间距及生成物的多少来调整，并不是将极间都刷洗冲尽就算好，要根据放电的稳定性进行控制，否则喷流过强会造成不能维持连续稳定放电、电极异常损耗等弊端。

底孔喷流时还应注意以下几方面：

① 当加工余量偏向一侧时，注意保持喷流路径平衡或加强夹具刚性，否则会造成电极变位，加工超差。

② 注意喷流容器和工件是否有泄漏，如有应加以堵塞和密封，否则得不到喷流效果。

③ 要注意不要在容器及电极下部留下气体。

3）吸引法

也分为电极吸引法［图6.2（c）］及底孔吸引法［图6.2（d）］。在底孔吸入时应设置辅助进油口，以防止可能发生的在容器内气体集聚引发爆炸的危险。吸引法常用在深孔的精加工中，在数控电火花机床上进行螺纹、斜齿轮加工时，也常使用，但是由于这时加工液的路径较长而且是螺线形，所以最好在电极的侧面加工出像丝锥沟那样的槽，以利于加工液的流通，如图6.3所示。

4）喷射法

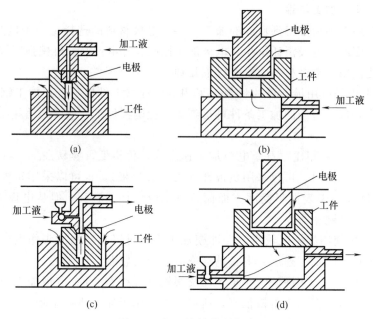

图 6.2　加工液的处理方式

　　喷射法一般采用如图 6.4 所示方式，主要用于窄小的不通缝隙的加工。这时很难在电极上设置加工液喷流或吸引孔，只能从电极侧面的间隙强行喷射加工液；在这种情况下，喷射的加工液的大部分均被电极及工件所阻挡，只有一小部分进入放电部位。在喷射法中应注意，喷射过强时，容易将自然升起扩散的加工碳化物等冲击回去，在进行深窄缝加工时，会造成在喷射冲击处二次放电引起过切。在进行诸如刻字等面积大而深度浅的加工时，若在一个方向进行较强喷射时也会使另一侧产生二次放电，引起不良结果。解决方法是将喷头粘接在电极上［如图 6.5（a）、图 6.5（b）］；或在电极上加工出流道和浇口，使加工液尽可能送入电极前部。这种方法能较好地发挥加工液的处理效果，如图 6.5（c）所示。

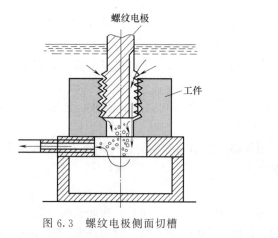

图 6.3　螺纹电极侧面切槽

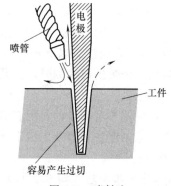

图 6.4　喷射法

(5) 数控电火花成形加工工艺过程

　　数控电火花成形加工过程中，必须综合考虑机床特性、零件材质、零件的复杂程度等因素对加工的影响，针对不同的加工对象，其工艺过程有一定差异。现以常见的型腔加工工艺路线为例，操作过程如下。

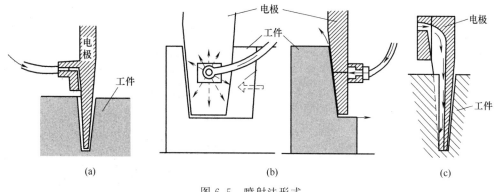

图 6.5　喷射法形式

① 工艺分析：对零件图进行分析，了解工件的结构特点、材料，明确加工要求。

② 选择加工方法：根据加工对象、精度及表面粗糙度等要求和机床功能选择采用单电极加工、多电极加工、单电极平动加工、分解电极加工、二次电极法加工或是单电极轨迹加工。

③ 选择与放电脉冲有关的参数：根据加工的表面粗糙度及精度要求确定，按表 6.1 选择与放电脉冲有关的参数。

④ 选择电极材料：电极材料一般使用石墨和铜，一般精密、小电极用铜来加工，而大的电极用石墨。

⑤ 设计电极：按零件图要求，并根据加工方法和与放电脉冲设定有关的参数等设计电极纵横切面尺寸及公差。

⑥ 制造电极：根据电极材料、制造精度、尺寸大小、加工批量、生产周期等选择电极制造方法。

⑦ 加工前的准备：对工件进行电火花加工前，一般需进行钻孔、攻螺纹加工、铣、磨平面、锐边倒棱去毛刺、去磁、去锈等准备工作。

⑧ 热处理安排：对需要淬火处理的零件，根据技术要求，安排热处理工序。

⑨ 编制、输入加工程序：根据机床功能设置来进行，编程一般采用国际标准 ISO 代码。

⑩ 装夹与定位，其步骤为：

a. 根据工件的尺寸和外形选择或制造定位基准。

b. 准备电极装夹夹具。

c. 装夹和校正电极。

d. 调整电极的角度和轴心线。

e. 工件定位和夹紧。

f. 根据零件图找正电极与工件的相对位置。

⑪ 开机加工：选择加工极性，设置电规准，调节加工参数，调整机床，保持适当液面高度，保持适当电流，调节进给速度、充油压力等。随时检查工件加工情况，遵守安全操作规程正确操作。

⑫ 加工结束：检查加工零件是否符合图纸要求，对零件进行清理；关机并打扫工作场地和机床卫生。

6.2.2　数控电火花成形机床的操作

以深圳福斯特的单轴数控电火花成形机床 DK7145NC 为例介绍机床的操作。机床外形如图 6.6 所示，它由主机控制伺服系统、数控系统和工作液循环过滤系统组成。

图 6.6   DK7145NC 电火花成形机床

(1) 机床主要参数

- 主轴伺服行程 $(250+230)$ mm
- X 向行程   手动 450mm
- Y 向行程   手动 350mm
- 电源功率   6kW
- 最大电极承重   75kg
- 加工电流   60A
- 油箱容积   450L
- 最佳加工表面粗糙度 Ra $<0.8\mu m$
- 最低电极损耗 $<0.3\%$
- 最高生产率 $300mm^3/min$

(2) 操作面板功能介绍

1) 数控电火花成形机床 DK7145NC 操作面板

如图 6.7 所示，其中各按键说明如下：

DEEP——定深；

CLEAR——清零；

ENT——确认输入；

EDM——深度显示和轴位显示切换键，
    不亮时为轴位显示；

M/I——公、英制转换，不亮时为公制；

1/2——中心点位置显示键；

Ton——脉宽；

Toff——脉间；

PAGE——页面；

STEP——步序；

UP HIGH——抬刀高度；

UP TIME——抬刀时间；

LOW VOLF——低压功率管（低压电流）；

HIGH VOLF——高压功率管（高压电流）；

F DOWN HIGH——快速下落高度；

CARBON PROOF——防积炭；

GAP——间隙电压；

SLEEP——睡眠；

INVERT——反打；

UP SWITCH——抬刀切换；

BEEP——消声（蜂鸣器）；

HOME——回零；

AUTO——自动；

F1——慢抬刀；

F2——分组脉冲；

F3——提升间隙电压；

F4、F5、F6——备用键。

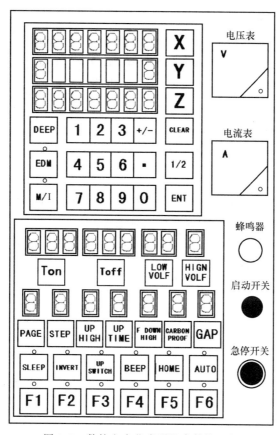

图 6.7　数控电火花成形机床数控面板

2）DK7145NC 机床操作面板功能设定

① 轴位设定。

a. 深度显示和轴位显示切换键：按 $\boxed{\text{EDM}}$，EDM 灯亮，显示深度值画面；自动加工时 X 轴位显示为目标深度值，Y 轴位显示实际深度；再按 $\boxed{\text{EDM}}$，EDM 灯灭，显示 X、Y、Z 三轴位置画面；该键在非自动加工时无效。

b. 设定各轴位置（EDM 灯灭时），按如下进行：

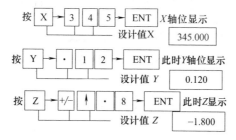

对于轴及深度值的设定，在公制显示（即公/英指示灯灭）时，如果最后一位即小数点后第三位数为 0～4，确认后则为 0；如果为 5～9，确认后则为 5。深度值设定时，最后一位分辨率为 $5\mu\text{m}$。

c. 深度设定键（DEEP）：EDM 灯亮时有效，操作同上设定。

d. 轴位清零键（CLEAR）：选定某一轴，按下该键（该键在加工时无效），将该轴显示清为 0，可按如下进行。

e. 中心点位置显示键（1/2）：当在寻找工件中心点时，移动工作台以电极轻触工件的一端，报警声响，选定轴位，按下清零键；再移动工作台以电极轻触工件的另一端，报警声响，此时再选定轴位，按下"1/2"键，对应轴值会变为原来的 1/2；再移动工作台，当该轴的显示为 0 时即为所找之中心点。

f. 公/英制单位切换键：按 $\boxed{M/I}$，对应指示灯亮，轴位显示值为英制；再按 $\boxed{M/I}$，对应指示灯灭，轴位显示值为公制。该键在加工时无效。

② 规准设定。指对脉宽、脉间、高压、低压、抬刀高度、抬刀周期、快落高度、防积炭、间隙等设定，按如下进行：

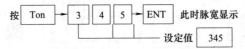

如果输入值大于该值允许的最大值（或小于最小值）时，确认时为其最大值（或小于最小值）。

③ 步序（STEP）、页面（PAGE）设定。本机共有十个页面（0～9），每一个页面包括十组步序，每一个步序都可以存储一组参数，每组参数包括脉宽、脉间等规准值和深度。按如下进行：

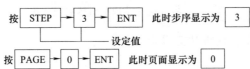

按确认键后，规准位显示区显示该页面下的步序所存储的规准值，EDM 灯亮，X 轴位显示该步序所存储的深度值。在修改规准值和深度值时，确认后自动存储在当前页面/步序下。

④ 功能键说明。

a. 睡眠键（SLEEP）：按 $\boxed{SLEEP}$ 对应指示灯亮，自动加工结束后，关机；再按 $\boxed{SLEEP}$ 对应指示灯灭，自动加工结束后，不关机。

b. 反打键（INVERT）：按 $\boxed{INVERT}$，对应指示灯亮，可以进行反打。该键在加工时无效。

c. 抬刀切换键（UP SWITCH）：按 $\boxed{UP\ SWITCH}$，灯亮，表示有抬刀时快速抬起，快速落下；再按该键，灯灭，表示有抬刀时快速抬起，以伺服速度落下。

d. 消声键（BEEP），有以下情况。

ⅰ. 对刀短路，消声灯灭时，报警蜂鸣；按下该键，灯亮，取消报警。

ⅱ. 加工时，液面或油温未达到要求，消声灯灭时，报警蜂鸣；按下该键，灯亮，取消报警。应注意此时液面保护不起作用。

ⅲ. 如果是设定有误，分段调用，结束加工；感光报警或积炭引起的报警，不论消声灯亮否，均报警蜂鸣；按下该键，可以取消报警，并改变灯的状态。

e. 回零（HOME）：按 $\boxed{\text{HOME}}$，灯亮，加工结束主轴头回到加工开始时的位置；再按该键，灯灭，加工结束，主轴头回到上限位。

f. 自动（AUTO）：按 $\boxed{\text{AUTO}}$，灯亮，可以进行分段加工。该键在加工时无效。

g. 慢抬刀（F1）：按 $\boxed{\text{F1}}$，灯亮，加慢抬刀功能，适合大面积加工。

h. 分组脉冲（F2）：按 $\boxed{\text{F2}}$，灯亮，加分组脉冲，适合石墨加工。

i. 提升间隙电压（F3）：不按 $\boxed{\text{F3}}$，灯灭，间隙电压为正常状态；按 $\boxed{\text{F3}}$，灯亮，间隙电压加倍。它分 1、1.5、2、…、9.5 等 18 组参数，可根据加工的需要，选择不同的间隙电压，适合深孔加工。

j. 备用键：$\boxed{\text{F4}}$、$\boxed{\text{F5}}$、$\boxed{\text{F6}}$。

3）手控盒使用

DK7145NC 机床手控盒面板，如图 6.8 所示，各键功能说明如下。

① 加工（WORK）：对刀或拉表状态时，按 ，在条件满足的情况下，加工指示灯亮，开始放电加工，同时启动油泵；条件不满足时，报警。加工状态时，再按 ，则切断加工电压，关油泵，主轴回退，回退到位时切换到对刀状态，报警。

图 6.8 手控盒面板

② 对刀（EDGE FIND）：按 ，对刀灯亮，系统进入对刀状态。加工指示灯亮时，按 ，则切断加工电压，关油泵，系统转换到对刀状态；拉表灯亮时，按 ，对刀灯亮，系统转换到对刀状态。

③ 拉表（ALIGN）：加工灯亮时，按 ，则切断加工电压，关油泵，拉表灯亮，系统转换到拉表状态；对刀灯亮时，按 ，则拉表灯亮，系统转换到拉表状态。拉表灯亮时，该键无效。

④ 油泵（PUMP）：按 ，灯亮，油泵启动，开始供应加工液；再按 ，关油泵。

⑤ 快退（FAST BACK）：按 ，主轴快退。对刀和短路状态下，按 ，无效。

⑥ 慢退（SLOW BACK）：按 ，主轴慢退。

⑦ 快进（FAST FEED）：按 ，主轴快进。对刀和短路状态下，按 ，无效。

⑧ 慢进（SLOW FEED）：按 ，主轴慢进。

⑨ 悬停（STOP）：按 $\boxed{\text{STOP}}$，灯亮，主轴悬停，这时快退、慢退、快进、慢进键均无效。再按 $\boxed{\text{STOP}}$，键灯灭，主轴悬停取消，则快退、快进、慢退、慢进有效。

⑩ 伺服旋钮：旋转 旋钮，用于调节伺服灵敏度。顺时针方向调，灵敏度增高，伺服速度增加；逆时针方向调，灵敏度降低，伺服速度亦降低。

4）非自动加工与自动加工设置

① 非自动加工，具体如下。

a. 加工条件：自动灯灭。

b. 不论 EDM 灯亮否，均转到非 EDM 状态（EDM 灯灭）。

c. 结束加工：再次按下加工键，则切断加工电压，主轴回退，回退到位时切换到对刀状态，报警。

② 自动加工步序设置。数控系统的自动加工可以从 0～9 中任一段开始，但最后一段必须是第 9 段。

(3) 机床规准值范围及设置

1）规准值范围

① 脉宽（Ton）：在脉宽值显示值为 1～989 时，为实际输出值，单位 μs；在脉宽值显示值为 990～999 时，输出值和显示值对应关系，见表 6.2。

表 6.2　脉宽输出值和显示值对应关系（在脉宽值为 990～999 时）

显示值	990	991	992	993	994	995	996	997	998	999
输出值/μs	1100	1200	1300	1400	1500	1600	1700	1800	1900	2000

② 脉间（Toff）：10～999μs。

③ 低压（LOW VOLF）：0，03，05，1～30。如低压值＝03，输出电流约为 0.3A；低压值＝05，输出电流约为 0.5A。

④ 高压（HIGH VOLF）：0～3。

⑤ 页面（PAGE）：0～9。

⑥ 步序（STEP）：0～9。

⑦ 抬刀高度（UP HIGH）：1～9。显示值和实际抬刀高度对应值的关系，如表 6.3 所示。

表 6.3　显示值和实际抬刀高度对应关系

显示值	1	2	3	4	5	6	7	8	9
对应值/mm	0.2	0.3	0.4	0.5	0.6	0.8	1.1	1.5	2.0

⑧ 抬刀周期（UP TIME）：0～9。抬刀周期为 0，即加工时不抬刀；其余的显示值和实际抬刀周期对应值的关系，如表 6.4 所示。

表 6.4　显示值和实际抬刀周期对应关系

显示值	1	2	3	4	5	6	7	8	9
对应值/s	0.5	1	2	4	6	8	10	15	20

⑨ 快落高度（F DOWN HIGH）：0～9。此按键为实现两级抬刀而设，快落高度设为 0，系统无两级抬刀；设为 1～9 时，可实现两级抬刀，其显示值和实际快落高度对应值的关系，如表 6.5 所示。

表 6.5　显示值和实际快落高度对应关系

显示值	1	2	3	4	5	6	7	8	9
对应值/mm	0.2	0.25	0.3	0.4	0.5	0.6	0.8	1.1	1.5

⑩ 防积炭（CARBON PROOF）：0～9。防积炭设为 0 时，不进行积炭检测。

⑪ 间隙电压（GAP）：1～9 挡。各挡间隙电压的改变，随脉宽、脉间的变化而定。

⑫ X、Y、Z、深度：$+999.995 \sim -999.995$mm。

2）加工规准设置

根据加工要求设置加工规准，包括电流、脉宽、脉间、抬刀等参数。

① 粗加工时，为了获得较快的加工速度，应选择大脉冲宽度和大电流。电流选择时应考虑电极尺寸，以免单位面积电流太大。脉冲间隔从加工速度角度考虑，应选择尽量小，只要不拉弧就可；但小脉冲间隔易造成加工条件恶化，间接造成电极损耗增大，故选择应留有余量。为了获得较小的电极损耗，应选择负极性加工，即工件接负极，电极接正极。

在 DK7145NC 上粗加工时，脉冲宽度可选 $300 \sim 800\mu s$，脉冲间隔可选 $80 \sim 250\mu s$。对于紫铜电极，选择 $300 \sim 800\mu s$ 脉冲宽度；对于石墨电极脉冲宽度可选 $300 \sim 500\mu s$。电流可根据电极面积选择，一般单位面积电流不超过 $10A/cm^2$。由于排屑条件较好，可选较长的抬刀时间和较大的抬刀高度。

② 中加工时，选择规准应比粗加工小一些，以获得较好的表面粗糙度和尺寸精度，为精加工打基础。脉冲宽度可选 $80 \sim 300\mu s$，脉冲间隔相应为 $100\mu s$ 以上，电流比粗加工要小些，极性选择为负极性。

③ 精加工时，以获得良好的表面粗糙度和尺寸精度为主要目的，脉冲宽度要小，电流也要小；由于排屑条件恶劣，脉冲间隔应选大一些，抬刀要频繁而低，以保证加工稳定。脉冲宽度选择 $80\mu s$ 以下，脉冲间隔的选择使放电稳定就可以。

（4）机床操作步骤

① 开机。

a. 开启总电源：检查机床电源线无误后，向上扳合电源柜左侧面的三联主电源空气开关，给接触器控制电源通电，松开急停按钮。

b. 按启动按钮：系统进行自检，指示灯全亮，三轴显示 888.888，规准值显示 88.88；几秒钟后，系统结束自检，三轴及规准值显示上次关机时的值，主轴悬停，公/英和反打指示灯指示上次关机时的状态。

② 将电极装夹在主轴头上，在装夹电极、工件时，机床手控盒面板一定要置于对刀状态，以防触电。

③ 校正电极并调节主轴行程至合适位置：机床手控盒面板置于拉表状态，拉表找正电极，调节电极夹头上的调节螺钉，分别调节电极两个方向的倾斜和电极旋转，以找正电极。

④ 找正加工基准面和加工坐标：将工件装夹在工作台上，拉表找正工件的加工位置。机床横向行程和纵向行程上分别装有数显尺，可以用碰边定位方法找正加工位置，即机床置于对刀状态，摇动横向或纵向行程使电极位于工件外面，控制主轴向下运动使电极停在低于工件加工面的位置，摇动行程使电极靠近工件，当蜂鸣器响时记下此时位置。对于以所碰边定位的尺寸，可以摇动行程，从尺上读出移动值，而定出加工位置；需要取中的工件，可以先从一边取到位置，把此点清零后，再从对边按此方法对出另一边位置，按下 1/2 键，即可定出加工中心。

⑤ 设置电加工规准和各个电参数。

⑥ 启动油泵，设置液位到合适位置。

⑦ 放电加工：完成设定并对正主轴起始位置后，按下加工键，可按快下键让主轴快速接近工件。当快接近工件时，放开快下键，以伺服值开始进给。放电开始后，调节伺服值，

使间隙电压合适、放电稳定。各个加工规准电参数在加工过程中可视加工情况进行修改，但必须在指导教师的指导下进行操作。

⑧ 加工完毕，升起正轴，按下急停按钮。

⑨ 关油泵。

⑩ 关闭总电源，清扫机床卫生。

（5）机床报警及报警处理

在下列几种情况下，系统会报警：

① 对刀短路，且消声灯灭。

② 按加工键时，有设定错误，报警时间约为 3s。有如下情况：

a. Z 轴值大于深度值。

b. 自动加工，但深度设定有误。

③ 加工完成，回退到位，报警时间约为 10s。

④ 自动加工进行段调用时，报警时间约为 0.5s。

⑤ 加工时，液面或油温未达到要求，且消声灯灭。

以上五种情况，按 $\boxed{\text{BEEP}}$ 键可停止报警。

⑥ 加工时，积炭报警，同时防炭数码管闪烁。出现此种情况，按 $\boxed{\text{CARBON PROOF}}$，可停止报警。

⑦ 着火时报警。

（6）安全与维护

电火花成形机床为电加工设备，由于放电瞬间在工作电极与工件间的温度较高，加工电流较大，所以必须注意以下几点：

① 加工中不要触摸电极和工件，以防触电。

② 光感探头对准电极位置，使灭火器处于触发状态。

③ 设置合适工作液面，使液控浮子开，并起作用。

④ 必须使液面高于工作件表面或最高点 30mm 以上。

⑤ 正常情况下不得按下 BEEP（消声）开关，正常时不显亮。

⑥ 主轴二次行程调整时必须松开锁紧，调至合适位置后，再次锁紧；不得在锁紧状态，开启二次行程开关。

⑦ 所有传动件、丝杆均为高精度部件，均要轻轻摇动，不可大负荷、超行程动作。

⑧ 传动部件必须经常通过手拉泵加油润滑。

⑨ 设备使用后要清扫干净：擦干净工作台或吸盘上的工作液，不得使吸盘和工作台面生锈，机床长时间不工作时要涂擦防锈油。

6.3　数控电火花成形加工实例

6.3.1　加工示例

（1）实习目的

通过操作 DK7145NC 单轴数控电火花成形机床，熟悉和掌握机床操作、数控系统常用指令的使用和数控加工工艺的运用。

(2) 实习设备

DK7145NC 数控电火花成形机床及相应量具。

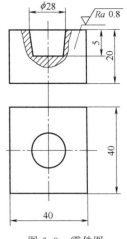

图 6.9 零件图

(3) 实习准备工作

① 加工零件如图 6.9 所示。

② 采用紫铜制作电极，电极部分 $\phi 28$mm×40mm，夹持部分 $\phi 12$mm×15mm。

③ 工件采用 45 钢，热处理 40～45HRC，上、下两面经磨后 Ra 为 0.8μm。

(4) 工艺分析

① 图 6.9 中孔型腔要求对中心，表面粗糙度值 Ra 为 0.8μm。

② 可以采用单轴数控电火花成形机床加工，分步序一次完成。

③ 电参数设置如表 6.6 所示。

表 6.6　电参数设置

电参数	粗加工	中加工	精加工
Ton(脉宽)/μs	300	200	80
Toff(脉间)/μs	150	120	200
LOW VOLF(低压功率管)/个	9	6	4
HIGN VOLF(高压功率管)/个	1	1	1
UP HIGH(抬刀高度)	3	2	1
UP TIME(抬刀时间)	4	2	2
F DOWN HIGH(快速下落高度)	1	1	1
CARBON PROOF(防积炭)	9	9	9
GAP(间隙电压)/V	4	6	8
峰值电流(观察电流表)/A	9～10	5～6	1～2

(5) 操作步骤

① 开启总电源：向上扳合电源柜左侧面的三联主电源空气开关，给接触器控制电源通电，松开急停按钮。

② 按启动按钮：系统进行自检，指示灯全亮。

③ 将电极装夹在主轴头上：注意装夹电极、工件时，机床手控盒面板一定要置于对刀状态，以防触电。

④ 校正电极并调节主轴行程至合适位置：机床手控盒面板置于拉表状态，调节电极夹头上的调节螺钉，分别调节电极两个方向的倾斜和电极旋转，以找正电极。

⑤ 找正加工基准面和加工坐标：将工件装夹在工作台上，拉表找正工件，找正电极加工位置。

⑥ 设置电加工规准和各个电参数如下。

a. PAGE（页面）：0～9 任选。

b. STEP（步序）：按从第 4 步序开始加工设置深度，4～7 步序加工段的粗加工深度为 1.0mm，2.0mm，3.0mm，4.5mm；8 步序中加工深度为 4.8；9 步序精加工深度为 5.0；

共 6 个步序。

c. 设置电加工参数：在各步序设置深度的同时，需设置各步序的粗加工、中加工、精加工电加工参数。

⑦ 启动油泵，设置液位到合适位置。

⑧ 放电加工，按如下进行：

a. 按下"AUTO"（自动）→ "SLEEP"（睡眠）→ （加工键），为自动加工。只按下加工键，为非自动加工，主轴到深度时不停止加工，需人工控制深度。

b. 按下加工键后，可按快下键，让主轴快速接近工件；当快接近工件时，放开快下键，以伺服值开始进给。

c. 电加工开始后，调节伺服值使间隙电压合适、放电稳定。

d. 加工规准电参数在加工过程中可视加工情况进行修改，但须在指导教师的指导下进行操作。

e. 当加工到 5.0mm 时，系统自动切断加工电压，主轴回退，到位后，转到对刀状态，报警蜂鸣；如果睡眠灯亮，则回退到位后关机。

⑨ 加工完毕，升起正轴，按下急停按钮。

⑩ 关油泵。

⑪ 关闭总电源，清扫机床卫生。

6.3.2　作业实例

(1) 纪念币压形模的数控电火花成形加工

① 如图 6.10 所示，压形模主要尺寸：型面直径 ϕ38mm，型腔深度 1.2mm。

② 纪念币的纹路细而精致，要求电极损耗小，加工后的粗糙度值小。

③ 电极：选用紫铜制作电极，电极极性正极。

④ 参考电规准如下：

a. 粗规准：峰值电流　　10A

　　　　　脉冲宽度　　90μs

　　　　　脉冲间隙　　60μs

　　　　　加工深度　　1.0mm

b. 中规准：峰值电流　　5A

　　　　　脉冲宽度　　32μs

　　　　　脉冲间隙　　32μs

　　　　　加工深度　　1.1mm

图 6.10　纪念币

c. 精规准：峰值电流　　2A

　　　　　脉冲宽度　　16μs

　　　　　脉冲间隙　　16μs

　　　　　加工深度　　1.16mm

d. 微精规准：峰值电流　　1A

　　　　　　脉冲宽度　　4μs

脉冲间隙　4μs

加工深度　1.2mm

(2) 穿孔加工

① 工件为折断螺杆的螺母，需将螺杆取出，任何材料可作为试件。

② 电极采用黄铜气焊条 φ4mm 左右。

③ 要求加工速度快，不损坏工件，不考虑电极损耗。

④ 参考规准为：峰值电流 10A，脉冲宽度 300μs，脉冲间隙 150μs，加工深度任意。

第7章

数控电火花线切割加工

7.1 数控电火花线切割加工机床的分类与组成

7.1.1 数控电火花线切割加工机床的分类

(1) 数控电火花线切割加工简述

电火花线切割加工是电火花加工的另一个分支,是一种直接利用电能和热能进行加工的工艺方法,它用一根移动着的导线(电极丝)作为工具电极对工件进行切割,故称线切割加工。线切割加工中,工件和电极丝的相对运动是由数字控制实现的,故又称为数控电火花线切割加工,简称线切割加工。

(2) 数控电火花线切割加工机床的分类

① 按走丝速度分:可分为慢速走丝方式和高速走丝方式线切割机床。

② 按加工特点分:可分为大、中、小型以及普通直壁切割型与锥度切割型线切割机床。

③ 按脉冲电源形式分:可分为 RC 电源、晶体管电源、分组脉冲电源及自适应控制电源线切割机床。

(3) 数控电火花线切割加工机床的型号示例

示例如下:

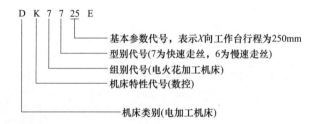

7.1.2 数控电火花线切割加工机床的组成

数控电火花线切割加工机床由控制台和机床主机两大部分组成。

(1) 控制台

控制台中装有控制系统和自动编程系统,能在控制台中进行自动编程和对机床坐标工作台的运动进行数字控制。

（2）机床主机

机床主机主要包括坐标工作台、运丝机构、线架和床身等部分。图 7.1 为快走丝线切割机床主机示意图。

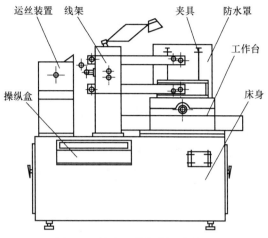

① 坐标工作台：它用来装夹工件，并由两个步进电机驱动进行数控运动。

② 运丝机构：它用来控制电极丝与工件之间产生相对运动。

③ 线架：与运丝机构一起构成电极丝的运动系统。它的功能主要是对电极丝起支撑作用，并使电极丝工作部分与工作台面保持一定的几何角度，以满足各种工件（如带锥工件）加工的需要。

④ 冷却系统：用来提供有一定绝缘性能的工作介质——工作液，可对工件和电极丝进行冷却，同时便于排屑。

图 7.1　快走丝线切割机床主机

7.2　数控电火花线切割的加工工艺与工装

7.2.1　数控电火花线切割加工工艺

线切割的加工工艺主要是电加工参数和机械参数的合理选择。电加工参数包括脉冲宽度和频率、放电间隙、幅值电压等。机械参数包括进给速度和走丝速度等。应综合考虑各参数对加工的影响，合理选择工艺参数，在保证工件加工质量的前提下，提高加工效率，降低生产成本。

（1）电加工参数的选择

正确选择脉冲电源加工参数，可以提高加工工艺指标和加工的稳定性。粗加工时，应选用较大的加工电流和大的脉冲能量，可获得较高的材料去除率（即加工生产率）。而精加工时，应选用较小的加工电流和小的单个脉冲能量，可获得加工工件较低的表面粗糙度。

加工电流是指通过加工区的电流平均值，单个脉冲能量大小主要由脉冲宽度、峰值电流、加工幅值电压决定。脉冲宽度是指脉冲放电时脉冲电流持续的时间，峰值电流指放电加工时脉冲电流峰值，加工幅值电压指放电加工时脉冲电压的峰值。

下列电规准实例可供使用时参考：

① 精加工：脉冲宽度选择最小挡，电压幅值选择低挡，幅值电压为 75V 左右，接通 1～2 个功率管，调节变频电位器，加工电流控制在 0.8～1.2A，加工表面粗糙度 $Ra \leqslant 2.5\mu m$。

② 最大材料去除率加工：材料厚度在 40～60mm 左右时，脉冲宽度选择 4～5 挡，电压幅值选取"高"值，幅值电压为 100V 左右，功率管全部接通，调节变频电位器，加工电流控制在 4～4.5A，可获得 $100mm^2/min$ 左右的去除率（加工生产率）。

③ 大厚度工件加工（＞300mm）：幅值电压打至"高"挡，脉冲宽度选 5～6 挡，功率管开 4～5 个，加工电流控制在 2.5～3A，材料去除率＞30mm²/min。

④ 较大厚度工件加工（60～100mm）：幅值电压打至高挡，脉冲宽度选取 5 挡，功率管开 4 个左右，加工电流调至 2.5～3A，材料去除率 50～60mm²/min。

⑤ 薄工件加工：幅值电压选低挡，脉冲宽度选第一或第二挡，功率管开 2～3 个，加工电流调至 1A 左右。

注意：改变加工的电规准，必须关断脉冲电源输出（调整间隔电位器 RP1 除外），在加工过程中一般不应改变加工电规准，否则会造成加工表面粗糙度不一样。

（2）机械参数的选择

对于快走丝线切割机床，其走丝速度一般都是固定不变的。进给速度的调整主要是电极丝与工件之间的间隙调整。切割加工时进给速度和电蚀速度要协调好，不要欠跟踪或跟踪过紧。进给速度的调整主要靠调节变频进给量，在某一具体加工条件下，只存在一个相应的最佳进给量，此时钼丝的进给速度恰好等于工件实际可能的最大蚀除速度。欠跟踪使加工经常处于开路状态，无形中降低了生产率，且电流不稳定，容易造成断丝，过紧跟踪时容易造成短路，也会降价材料去除率。一般调节变频进给，使加工电流为短路电流的 85% 左右（电流表指针略有晃动即可），就可保证为最佳工作状态，即此时变频进给速度最合理、加工最稳定、切割速度最高。表 7.1 给出了根据进给状态调整变频的方法。

表 7.1　根据进给状态调整变频的方法

实频状态	进给状态	加工面状况	切割速度	电极丝	变频调整
过跟踪	慢而稳	焦褐色	低	略焦，老化快	应减慢进给速度
欠跟踪	忽慢忽快，不均匀	不光洁，易出深痕	较快	易烧丝，丝上有白斑伤痕	应加快进给速度
欠佳跟踪	慢而稳	略焦褐，有条纹	低	焦色	应稍增加进给速度
最佳跟踪	很稳	发白，光洁	快	发白，老化慢	不需再调整

7.2.2　数控电火花线切割加工工艺装备的应用

工件装夹的形式对加工精度有直接影响，一般是在通用夹具上采用压板螺钉固定工件。为了适应各种形状工件加工的需要，还可使用磁性夹具或专用夹具。

（1）常用夹具的名称、用途及使用方法

① 压板夹具：主要用于固定平板状的工件，对于稍大的工件要成对使用。夹具上如有定位基准面，则加工前应预先用划针或百分表将夹具定位基准面与工作台对应的导轨校正平行，这样在加工批量工件时较方便，因为切割型腔的划线一般是以模板的某一面为基准。夹具成对使用时两件基准面的高度一定要相等，否则切割出的型腔与工件端面不垂直，造成废品。在夹具上加工出 V 形的基准，则可用以夹持轴类工件。

② 磁性夹具：采用磁性工作台或磁性表座夹持工件，主要适应于夹持钢质工件，因为它是靠磁力吸住工件，故不需要压板和螺钉，操作快速方便，定位后不会因压紧而变动，如图 7.2 所示。

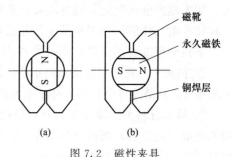

图 7.2　磁性夹具

（2）工件装夹的一般要求

① 工件的基准面应清洁无毛刺。经热处理的工件，在穿丝孔内及扩孔的台阶处，要清除热处理残物及氧化皮。

② 夹具应具有必要的精度，将其稳固地固定在工作台上，拧紧螺钉时用力要均匀。

③ 工件装夹的位置应有利于工件找正，并与机床的行程相适应，工作台移动时工件不得与丝架相碰。

④ 对工件的夹紧力要均匀，不得使工件变形或翘起。

⑤ 大批零件加工时，最好采用专用夹具，以提高生产效率。

⑥ 细小、精密、薄壁的工件应固定在不易变形的辅助夹具上。

（3）支撑装夹方式

主要有悬臂支撑方式、两端支撑方式、桥式支撑方式、板式支撑方式和复式支撑方式等。

（4）工件的调整

工件装夹时，还必须配合找正进行调整，使工件的定位基准面与机床的工作台面或工作台进给方向保持平行，以保证所切割的表面与基准面之间的相对位置精度。常用的找正方法如下。

① 百分表找正法：如图7.3所示，用磁力表架将百分表固定在丝架上，往复移动工作台，按百分表上指示值调整工件位置，直至百分表指针偏摆范围达到所要求的精度。

② 划线找正法：如图7.4所示，利用固定在丝架上的划针对正工件划出基准线，往复移动工作台，目测划针与基准线间的偏离情况，调整工件位置，此法适用于精度要求不高的工件加工。

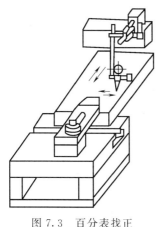
图7.3　百分表找正

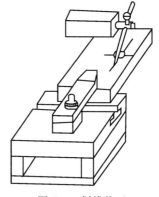
图7.4　划线找正

（5）电极丝位置的调整

线切割加工前，应将电极丝调整到切割的起始坐标位置上，其调整方法有以下几种。

① 目测法：如图7.5所示，利用穿丝孔处划出的十字基准线，分别沿划线方向观察电极丝与基准线的相对位置，根据两者的偏离情况移动工作台，当电极丝中心分别与纵、横方向基准线重合时，工作台纵、横方向刻度盘上的读数就确定了电极丝的中心位置。

② 火花法：如图7.6所示，开启高频及运丝筒（注意：电压幅值、脉冲宽度和峰值电流均要打到最小，且不要开冷却液），移动工作台使工件的基准面靠近电极丝，在出现火花的瞬时，记下工作台的相对坐标值，再根据放电间隙计算电极丝中心坐标。此法虽简单易

行，但定位精度较差。

③ 自动找正：一般的线切割机床，都具有自动找边、自动找中心的功能，找正精度较高。其操作方法因机床而异。

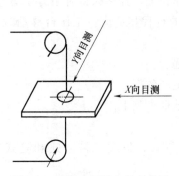

图 7.5　目测法调整电极丝位置

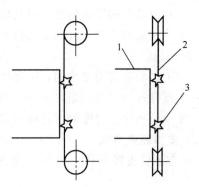

图 7.6　火花法调整电极丝位置
1—工件；2—电极丝；3—火花

7.3　数控电火花线切割机床的操作

7.3.1　数控快走丝线切割机床的操作

本节以苏州长风 DK7725E 型线切割机床为例，介绍线切割机床的操作。图 7.7 为 DK7725E 型线切割机床的操作面板。

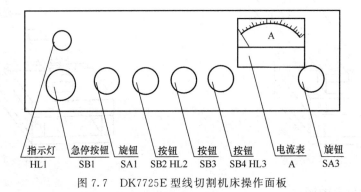

图 7.7　DK7725E 型线切割机床操作面板

(1) 开机与关机程序

1) 开机程序

① 合上机床主机上电源总开关；

② 松开机床电气面板上急停按钮 SB1；

③ 合上控制柜上电源开关，进入线切割机床控制系统；

④ 按要求装上电极丝；

⑤ 逆时针旋转 SA1；

⑥ 按 SB2，启动运丝电机；

⑦ 按 SB4，启动冷却泵；

⑧ 顺时针旋转 SA3，接通脉冲电源。

2）关机程序

① 逆时针旋转 SA3，切断脉冲电源；

② 按下急停按钮 SB1，运丝电机和冷却泵将同时停止工作；

③ 关闭控制柜电源；

④ 关闭机床主机电源。

（2）脉冲电源

1）DK7725E 型线切割机床脉冲电源的操作面板（如图 7.8 所示）

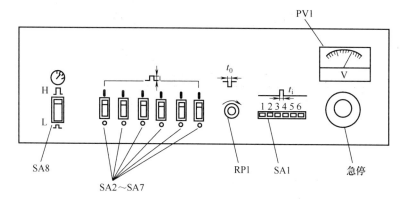

图 7.8 DK7725E 型线切割机床脉冲电源操作面板

SA1—脉冲宽度选择；SA2～SA7—功率管选择；SA8—电压幅值选择；RP1—脉冲间隔调节；

PV1—电压幅值指示；急停按钮—按下此键，机床运丝、水泵电机全停，脉冲电源输出切断

2）电源参数

① 脉冲宽度。脉冲宽度 t_i 选择，用开关 SA1，共分 6 挡，从左边开始往右边分别为：

第 1 挡：$5\mu s$ 第 2 挡：$15\mu s$ 第 3 挡：$30\mu s$

第 4 挡：$50\mu s$ 第 5 挡：$80\mu s$ 第 6 挡：$120\mu s$

② 功率管。功率管个数选择开关 SA2～SA7 可控制参加工作的功率管个数，如 6 个开关均接通，6 个功率管同时工作，这时峰值电流最大。如 5 个开关全部关闭，只有 1 个功率管工作，此时峰值电流最小。每个开关控制 1 个功率管。

③ 幅值电压。幅值电压选择开关 SA8 用于选择空载脉冲电压幅值，开关按至 "L" 位置，电压为 75V 左右；按至 "H" 位置，则电压为 100V 左右。

④ 脉冲间隙。调节电位器 RP1 阻值，可改变输出矩形脉冲波形的脉冲间隔 t_0，即能改变加工电流的平均值。电位器旋至最左，脉冲间隔最小，加工电流的平均值最大。

⑤ 电压表。电压表 PV1，由 0～150V 直流表指示空载脉冲电压幅值。

（3）线切割机床控制系统

DK7725E 型线切割机床配有 CNC-10A 自动编程系统和控制系统，图 7.9 为 CNC-10A 控制系统主界面。

1）系统的启动与退出

在计算机桌面上双击 "YH" 图标，即可进入 CNC-10A 控制系统；按 "Ctrl＋Q" 退出

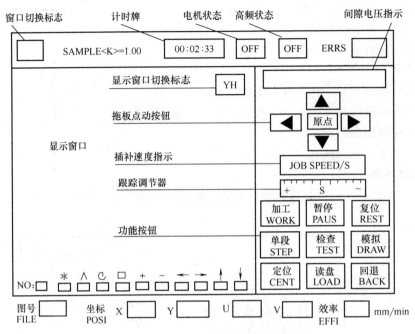

图 7.9 CNC-10A 控制系统主界面

控制系统。

2）CNC-10A 控制系统功能及操作说明

本系统所有的操作按钮、状态、图形显示全部在屏幕上实现。各种操作命令均可用轨迹球或相应的按键来完成。鼠标器操作时，可移动鼠标器，使屏幕上显示的箭状光标指向选定的屏幕按钮或位置，然后用鼠标器左键点击，即可选择相应的功能。各种控制功能及操作说明如下。

① 显示窗口：该窗口用来显示加工工件的图形轮廓、加工轨迹或相对坐标、加工代码。

② 当前段号显示：此处位于显示窗口左下角，左旁有 "NO:"，用来显示当前加工的代码段号，也可用光标点取该处，在弹出屏幕小键盘后，键入需要起割的段号（注意：锥度切割时，不能任意设置段号）。

③ 图形显示调节按钮：在图形显示窗下有一些小按钮，从最左边算起分别为对称加工、平移加工、旋转加工和局部放大按钮（或按 "F1" 键，仅在模拟或加工状态下有效）。其余按钮为图形显示调整按钮，依次为放大 "＋"、缩小 "－"、左移 "←"、右移 "→"、上移 "↑"、下移 "↓"，可根据需要选用这些功能，调整在显示窗口中图形的大小及位置，具体操作可用轨迹球点取相应的按钮。各功能如下："＋"（或 "F2" 键），图形放大 1.2 倍；"－"（或 "F3" 键），图形缩小 0.8 倍；"←"（或 "F4" 键），图形向左移动 20 单位；"→"（或 "F5" 键），图形向右移动 20 单位；"↑"（或 "F6" 键），图形向上移动 20 单位；"↓"（或 "F7" 键），图形向下移动 20 单位。

④ 窗口切换标志：用轨迹球点取该标志（或按 "F10" 键），可改变显示窗口的内容。系统进入时，首先显示图形，以后每点取一次该标志，依次显示 "相对坐标" "加工代码" "图形" 等。其中在相对坐标方式下，以大号字体显示当前加工代码的相对坐标。

为了实现代码的显示、编辑、存盘和倒置功能，用光标点取 "显示窗口切换标志"（或按 "F10" 键），在代码显示状态下用光标点取任一有效代码行，该行即点亮，系统进入编辑状态，显示调节功能按钮上的标记符号变成 S、I、D、Q、↑、↓，各键的功能如下：

S——代码存盘　　　　　　　I——代码倒置（倒走代码变换）

D——删除当前行（点亮行）　Q——退出编辑态

↑——向上翻页　　　　　　　↓——向下翻页

在编辑状态下可对当前点亮行进行输入、删除操作（键盘输入数据）。编辑结束后，按 Q 键退出，返回图形显示状态。

为了实现倒切割处理功能，点取"显示窗口切换标志"（或按"F10"键），直至显示加工代码。用光标在任一行代码处点一下，该行点亮。窗口下面的图形显示调整按钮标志转换成 S、I、D、Q 等；按"I"按钮，系统自动将代码倒置（上下异形件代码无此功能）；按"Q"键退出，窗口返回图形显示。在右上角出现倒走标志"V"，表示代码已倒置，"加工""单段""模拟"以倒置方式工作。

⑤ 记时牌：系统在"加工""模拟""单段"工作时，自动打开记时牌。终止插补运行，记时牌自动停止。用光标点取记时牌（或按"0"键），可将记时牌清零。

⑥ 电机开关状态：在电机标志右边有状态指示标志 ON（红色）或 OFF（黄色）。ON 状态，表示电机上电锁定（进给）；OFF 状态为电机释放。用光标点取该标志可改变电机状态（或用数字小键盘区的"Home"键）。

⑦ 高频状态：ON（红色）、OFF（黄色），表示高频的开启与关闭；用光标点该标志可改变高频状态（或用数字小键盘区的"PgUp"键）。在高频开启状态下，"间隙电压指示"将显示电压波形。

⑧ 间隙电压指示：显示放电间隙的平均电压波形（也可以设定为指针式电压表方式）。在波形显示方式下，指示器两边各有一条 10 等分线段，空载间隙电压定为 100%（即满幅值），等分线段下端的黄色线段指示间隙短路电压的位置。波形显示的上方有两个指示标志：短路回退标志"BACK"，该标志变红色，表示短路；短路率指示，表示间隙电压在设定短路值以下的百分比。

⑨ 显示窗口切换标志：光标点取该标志（或按"ESC"键），系统转换到绘图式编程屏幕。

拖板点动按钮：屏幕右中部有上下左右向 4 个箭标按钮，可用来控制机床点动运行。若电机为"ON"状态，光标点取这 4 个按钮可以控制机床按设定参数作 X、Y 或 U、V 方向点动或定长走步。在电机失电状态"OFF"下，点取移动按钮，仅用作坐标计数。

⑩ 原点：用光标点取该按钮（或按"I"键），进入回原点功能。若电机为 ON 状态，系统将控制拖板和丝架回到加工起点（包括"U-V"坐标），返回时取最短路径；若电机为 OFF 状态，光标返回坐标系原点。

为了实现断丝处理功能，在加工遇到断丝时，可按"原点"（或按"I"键），拖板将自动返回原点，锥度丝架也将自动回直（注意：断丝后切不可关闭电机，否则将无法正确返回原点）。若工件加工已将近结束，可将代码倒置后，再行切割（反向切割）。

⑪ 插补速度指示：该窗口显示插补运行的速度。

⑫ 跟踪调节器：该调节器用来调节跟踪的速度和稳定性，调节器中间红色指针表示调节量的大小；表针向左移动，位跟踪加强（加速）；向右移动，位跟踪减弱（减速）。指针表两侧有 2 个按钮，"＋"按钮（或"End"键）加速，"－"按钮（或"PgDn"键）减速；调节器上方英文字母 JOB SPEED/S 后面的数字量表示加工的瞬时速度，单位为步/s。

⑬ 功能按钮包括加工、暂停、复位、单段、检查、模拟、定位、读盘和回退等，具体如下。

a. 加工：工件安装完毕，程序准备就绪后（已模拟无误），可进入加工。用光标点取该按钮（或按"W"键），系统进入自动加工方式。首先自动打开电机和高频，然后进行插补加工。此时应注意屏幕上间隙电压指示器的间隙电压波形（平均波形）和加工电流。若加工电流过小且不稳定，可用光标点取跟踪调节器的"＋"按钮（或"End"键），加强跟踪效果。反之，若频繁地出现短路等跟踪过快现象，可点取跟踪调节器"－"按钮（或"PgDn"键），至加工电流、间隙电压波形、加工速度平稳。加工状态下，屏幕下方显示当前插补的 X-Y、U-V 绝对坐标值，显示窗口绘出加工工件的插补轨迹。显示窗下方的显示器调节按钮可调整插补图形的大小和位置，或者开启/关闭局部观察窗。点取"显示窗口切换标志"，可选择图形/相对坐标显示方式。

b. 暂停：用光标点取该按钮（或按"P"键或数字小键盘上的"Del"键），系统将终止当前的功能（如加工、单段、控制、定位、回退等）。

c. 复位：用光标点取该按钮（或按"R"键），将终止当前一切工作，消除数据和图形，关闭高频和电机。

d. 单段：用光标点取该按钮（或按"S"键），系统自动打开电机、高频，进入插补工作状态，加工至当前代码段结束时，系统自动关闭高频，停止运行；再按"单段"，继续进行下段加工。

e. 检查：用光标点取该按钮（或按"T"键），系统以插补方式运行一步，若电机处于 ON 状态，机床拖板将作响应的一步动作，在此方式下可检查系统插补及机床的功能是否正常。

f. 模拟：可检验代码及插补的正确性。在电机失电状态下（OFF 状态），系统以 2500 步/s 的速度快速插补，并在屏幕上显示其轨迹及坐标。若在电机锁定状态下（ON 状态），机床空走插补，拖板将随之动作，可检查机床控制联动的精度及正确性。"模拟"操作方法如下：

ⅰ. 读入加工程序；

ⅱ. 根据需要选择电机状态后，按"模拟"按钮（或"D"键），即进入模拟检查状态。

屏幕下方显示当前插补的 X-Y、U-V 坐标值（绝对坐标），若需要观察相对坐标，可用光标点取显示窗左上角的"窗口切换标志"（或"F10"键），系统将以大号字体显示；再点取"显示窗口切换标志"，将交替地处于图形/相对坐标显示方式；点取显示窗口下的显示调整按钮中的局部观察按钮（或"F1"键），可在显示窗口的左上角打开一局部观察窗，在观察窗内显示放大十倍的插补轨迹。若需中止模拟过程，可按"暂停"钮。

g. 定位：系统可依据机床参数设定，自动定中心及 $\pm X$、$\pm Y$ 四个端面。

ⅰ. 定位方式选择，有以下步骤：

• 用光标点取屏幕右中处的参数窗标志"OPEN"（或按"O"键），屏幕上将弹出参数设定窗，可见其中有"定位 LOCATION XOY"一项；

• 将光标移至"XOY"处轻点左键，将依次显示为"XOY、XMAX、XMIN、YMAX、YMIN"；

• 选定合适的定位方式后，用光标点取参数设定窗左下角的"CLOSE"标志。

ⅱ. 光标点取电机状态标志，使其成为"ON"（原为"ON"可省略）。按"定位"按钮

（或 "C" 键），系统将根据选定的方式自动进行对中心、定端面的操作。在钼丝遇到工件某一端面时，屏幕会在相应位置显示一条亮线。按 "暂停" 按钮，可中止定位操作。

h. 读盘：将存有加工代码文件的软盘插入软驱中，用光标点取该按钮（或按 "L" 键），屏幕将出现磁盘上存储全部代码文件名的数据窗口。用光标指向需读取的文件名，轻点左键，该文件名背景变成黄色；然后用光标点取该数据窗左上角的 "□"（撤消）钮，系统自动读入选定的代码文件，并快速绘出图形。该数据窗的右边有上下两个三角标志 "△" 按钮，可用来向前或向后翻页，当代码文件不在第一页中显示时，可用翻页来选择。

i. 回退：系统具有自动/手动回退功能。在加工或单段加工中，一旦出现高频短路现象，系统即自动停止插补，若在设定的控制时间内（由机床参数设置），短路达到设定的次数，系统将自动回退。若在设定的控制时间内，短路仍不能消除，系统将自动切断高频，停机。

在系统静止状态（ "非加工" 或 "单段" ），按下 "回退" 按钮（或按 "B" 键），系统作回退运行，回退至当前段结束时，自动停止；若再按该按钮，继续前一段的回退。

⑭ 图号 FILE：该窗口用来显示当前的程序文件号。

⑮ 坐标显示：左有 "坐标 POSI" 标示，分别在 X、Y、U、V 的窗口中显示绝对坐标值。

⑯ 效率 EFFI：此窗显示加工的效率，单位为 mm/min，系统每加工完一条代码，即自动统计所用的时间，并求出效率。

（4）线切割机床绘图式自动编程系统

1）CNC-10A 绘图式自动编程系统界面

在控制屏幕中用光标点取的 "YH" 窗口切换标志（或按 "ESC" 键），系统将转入CNC-10A 编程屏幕。图 7.10 为绘图式自动编程系统主界面。

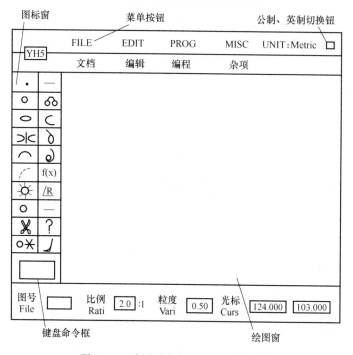

图 7.10　绘图式自动编程系统主界面

2）CNC-10A 绘图式自动编程系统图标命令和菜单命令

CNC-10A 绘图式自动编程系统的操作集中在 20 个命令图标和 4 个弹出式菜单内，它们构成了系统的基本工作平台。在此平台上，可进行绘图和自动编程。表 7.2 为 20 个命令图标功能简介，图 7.11 为菜单功能。

表 7.2　绘图命令图标功能简介

1. 点输入	•	11. 列表点输入	
2. 直线输入	—	12. 任意函数方程输入	f(x)
3. 圆输入	○	13. 齿轮输入	☼
4. 公切线/公切圆输入	∞	14. 过渡圆输入	/R
5. 椭圆输入	⬯	15. 辅助圆输入	○
6. 抛物线输入	⊂	16. 辅助线输入	—
7. 双曲线输入	)⚬(	17. 删除线段	✂
8. 渐开线输入	⟨	18. 询问	?
9. 摆线输入	⌒	19. 清理	○✳
10. 螺旋线输入	⟨	20. 重画	⟩

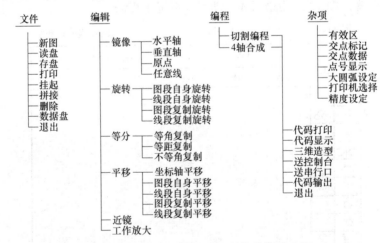

图 7.11　CNC-10A 自动编程系统的菜单功能

(5) 电极丝的绕装

如图 7.12、图 7.13 所示，具体绕装过程如下：

① 机床操纵面板 SA1 旋钮左旋；

② 上丝起始位置在贮丝筒右侧，用摇手手动将贮丝筒右侧停在线架中心位置；

③ 将右边撞块压住换向行程开关触点，左边撞块尽量拉远；

④ 松开上丝器上螺母 5，装上钼丝盘 6 后拧上螺母 5；

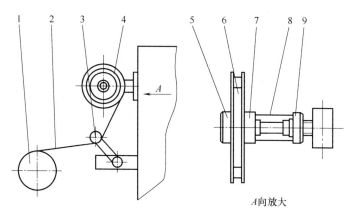

图 7.12　电极丝绕至贮丝筒上示意图

1—贮丝筒；2—钼；3—排丝轮；4—上丝架；5—螺母；
6—钼丝盘；7—挡圈；8—弹簧；9—调节螺母

⑤ 调节螺母 5，将钼丝盘压力调节适中；

⑥ 将钼丝一端通过图 7.12 中件 3 上丝轮后固定在贮丝筒 1 右侧螺钉上；

⑦ 空手逆时针转动贮丝筒几圈，转动时撞块不能脱开换向行程开关触点；

⑧ 按操纵面板上 SB2 旋钮（运丝开关），贮丝筒转动，钼丝自动缠绕在贮丝筒上，达到要求后，按操纵面板上 SB1 急停旋钮，即可将电极丝装至贮丝筒上，如图 7.12；

⑨ 按图 7.13 所示方式，将电极丝绕至丝架上。

(6) 工件的装夹与找正

① 装夹工件前先校正电极丝与工作台的垂直度；

② 选择合适的夹具将工件固定在工作台上；

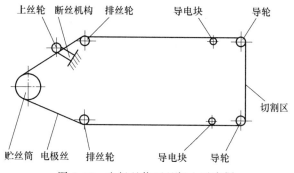

图 7.13　电极丝绕至丝架上示意图

③ 按工件图纸要求用百分表或其他量具找正基准面，使之与工作台的 X 向或 Y 向平行；

④ 工件装夹位置应保证工件切割区在机床行程范围之内；

⑤ 调整好机床线架高度，切割时，保证工件和夹具不会碰到线架的任何部分。

(7) 机床操作步骤

① 合上机床主机上电源开关；

② 合上机床控制柜上的电源开关，开启计算机，双击计算机桌面上"YH"图标，进入线切割控制系统；

③ 解除机床主机上的急停按钮；

④ 按机床润滑要求加注润滑油；

⑤ 开启机床空载运行 2min，检查其工作状态是否正常；

⑥ 按所加工零件的尺寸、精度、工艺等要求，在线切割机床自动编程系统中编制线切割加工程序，并送入控制台，或手工编制加工程序，并通过软驱读入控制系统；

⑦ 在控制台上对程序进行模拟加工，以确认程序准确无误；

⑧ 在机床上装夹、找正工件；

⑨ 开启运丝筒；

⑩ 开启冷却液；

⑪ 选择合理的电加工参数；

⑫ 手动或自动对刀；

⑬ 点击控制台上的"加工"键，开始自动加工；

⑭ 加工完毕后，按"Ctrl＋Q"键退出控制系统，并关闭控制柜电源；

⑮ 拆下工件，清理机床；

⑯ 关闭机床主机电源。

(8) 机床安全操作规程

根据 DK7725E 型线切割机床的操作特点，特制定如下操作规程。

① 学生初次操作机床，须仔细阅读线切割机床《实训指导书》或机床操作说明书，并在实训教师指导下操作。

② 手动或自动移动工作台时，必须注意钼丝位置，避免钼丝与工件或工装产生干涉而造成断丝。

③ 用机床控制系统的自动定位功能进行自动找正时，必须关闭高频。

④ 关闭运丝筒时，尽量停在两个极限位置（左或右）。

⑤ 装夹工件时，必须考虑本机床的工作行程，加工区域必须控制在机床行程范围之内。

⑥ 工件及装夹工件的夹具高度必须低于机床线架高度，否则，加工过程中会发生工件或夹具撞上线架而损坏机床的情况。

⑦ 固定工件的工装位置必须在工件加工区域之外，确保加工时不会切割到工装。

⑧ 工件加工完毕，必须随时关闭高频。

⑨ 经常检查导轮、排丝轮、轴承、钼丝、切割液等易损、易耗件（品），发现损坏，及时更换。

7.3.2　数控慢走丝线切割机床的操作

(1) 数控慢走丝线切割机床的操作要领

慢走丝线切割机主要用于加工高精度零件。慢走丝电火花线切割机床的品种较多，各种机床的操作大同小异，一些基本操作内容及其要求与快走丝电火花线切割机床有相似之处。但慢走丝线切割机所加工的工件表面粗糙度、圆度误差、直线误差和尺寸误差都较快走丝线切割机好很多，其操作要求更加注重加工精度和表面质量。

1) 工艺准备

① 工件材料的技术性能分析。不同的工件材料，其熔点、气化点、热导率等性能指标都不一样，即使按同样方式加工，所获得的工件质量也不相同。因此必须根据实际需要的表

面质量对工件材料作相应的选择。例如要达到高精度，就必须选择硬质合金类材料，而不应该选不锈钢或未淬火的高碳钢等，否则很难实现所需要求。这是因为硬质合金类材料的内部残余应力对加工的影响较小，加工精度和表面质量较好。

②　工作液的选配。火花放电必须在具有一定绝缘性能的液体介质中进行，工作液的绝缘性能可使击穿后的放电通道压缩，从而局限在较小的通道半径内火花放电，形成瞬时和局部高温来熔化并气化金属，放电结束后又迅速恢复放电间隙成为绝缘状态。绝缘性能太低，将产生电解而形不成击穿火花放电；绝缘性能太高，则放电间隙小，排屑难，切割速度降低。

自来水具有流动性好、不易燃、冷却速度较快等优势。但直接用自来水作工作液时，由于水中离子的导电作用，其电阻率较低，约为 $5k\Omega \cdot cm$，不仅影响放电间隙消电离、延长恢复绝缘的时间，而且还会产生电解作用。因此，慢走丝电火花线切割加工的工作液一般都用去离子水。一般电阻率应在 $10\sim100k\Omega \cdot cm$，具体数值视工件材料、厚度及加工精度而定。如用黄铜丝加工钢时，工作液的电阻率宜低，可提高切割速度，但加工硬质合金时则反之。

加工前必须观察电阻率表的显示，特别是机床刚启动时，往往会发现电阻率不在这个范围内，这时不要急于加工，让机床先运转一段时间达到所要的电阻率时才开始正式加工。为了保证加工精度，有必要提高加工液的电阻率，当发现水的电阻率不再提高时，应更换离子交换树脂。

再者必须检查与冷却液有关的条件。慢走丝电火花线切割加工中，送至加工区域的工作液通常采用浇注式供液方式，也可采用工件全浸泡式供液方式。所以要检查加工液的液量及过滤压力表。当加工液从污浊槽向清洗槽逆向流动时则需要更换过滤器，以保证加工液的绝缘性能、洗涤性能、冷却性能达到要求。

在用慢走丝电火花线切割机床进行特殊精加工时，也可采用绝缘性能较高的煤油作工作液。

③　电极丝的选择及校正。慢走丝电火花线切割加工电极丝多用铜丝、黄铜丝、黄铜加铝、黄铜加锌、黄铜镀锌等。对于精密电火花线切割加工，应在不断丝的前提下尽可能提高电极丝的张力，也可采用钼丝或钨丝。

目前，国产电极丝的丝径规格有 0.10mm、0.15mm、0.20mm、0.25mm、0.30mm、0.33mm、0.35mm 等，丝径误差一般在 $\pm2\mu m$ 以内。国外生产的电极丝，丝径最小可达0.03mm，甚至 $0.01\sim0.003mm$，用于完成清角和窄缝的精密微细电火花线切割加工等。长期暴露在空气中的电极丝表面与空气接触而易被氧化，从而不能用于加工高精度的零件。因此，保管电极丝时应注意不要损坏电极丝的包装膜。在加工前，必须检查电极丝的质量。有以下情况之一时，必须重新进行电极丝的垂直度校正：走丝线切割机一般在加工了$50\sim100h$ 后就必须考虑更换导轮或其轴承；改变导电块的切割位置或者更换导电块；有脏污时需用洗涤液清洗。必须注意的是：当变更导电块的位置或者更换导电块时，必须重新校正丝电极的垂直度，以保证加工工件的精度和表面质量。

④　穿丝孔的加工：在实际生产加工中，为防止工件毛坯内部的残余应力变形及放电产生的热应力变形，不管是加工凹模类封闭形工件，还是凸模类工件，都应首先在合适位置加工好一定直径的穿丝孔进行封闭式切割，避免开放式切割。若工件已在快走丝电火花线切割机床上进行过粗切割，再在慢走丝电火花线切割机床上进一步加工时，不打穿丝孔。

⑤ 工件的装夹与找正：准备利用慢走丝电火花线切割机床加工的工件，在前面的工序中应加工出准确的基准面，以便在慢走丝电火花线切割机床上装夹和找正。应充分利用机床附件装夹工件。对于某些结构形状复杂、容易变形工件的装夹，必要时可设计和制造专用的夹具。

工件在机床上装夹好后，可利用机床的接触感知、自动找正圆心等功能或利用千分表找正，确定工件的准确位置，以便设定坐标系的原点，确定编程的起始点。找正时，应注意多操作几遍，力求位置准确，将误差控制到最小。

当工件将要切割完毕时，其与母体材料的连接强度势必下降，此时要注意固定好工件，防止因工作液的冲击使得工件发生偏斜，从而改变切割间隙，轻者影响工件表面质量，重者使工件报废。

2）少量多次切割的实施

少量多次切割方式是指利用同一直径电极丝对同一表面先后进行两次或两次以上的切割，第一次切割加工前预先留出精加工余量，然后针对留下的精加工余量，改用精加工条件，利用同一轨迹程序把偏置量分阶段地缩小，再进行切割加工。一般可分为 1～5 次切割，除第 1 次加工外，加工量一般是由几十微米逐渐递减到几个微米，特别是加工次数较多的最后一次，加工量应较小，即几个微米。少量、多次切割可使工件具有单次切割不可比拟的表面质量，并且加工次数越多工件的表面质量越好。具体数值一般由机床的加工参数决定。

采用少量、多次切割方式，可减少线切割加工时工件材料的变形，有效提高工件加工精度及改善表面质量，在粗加工或半精加工时可留一定余量，以补偿材料因应力平衡状态被破坏所产生的变形并给最后一次精加工留所需的加工余量，最后精加工即可获得较为满意的加工效果。它是控制和改善加工表面质量的简便易行的方法和措施，但生产率有所降低。

3）合理安排切割路线

该措施的指导思想是尽量避免破坏工件材料原有的内部应力平衡，防止工件材料在切割过程中因在夹具等作用下，由于切割路线安排不合理而产生显著变形，致使切割表面质量和精度下降。一般情况下，合理的切割路线应将工件与夹持部位分离的切割段安排在总的切割程序末端，将暂停点设在靠近毛坯夹持端的部位。

4）正确选择切割参数

慢走丝电火花线切割加工时应合理控制与调配丝参数、水参数和电参数。

电极丝张力大时，其振动的振幅减小，放电效率相对提高，可提高切割速度。丝速高可减少断丝和短路机会，提高切割速度，但过高会使电极丝的振动增加，又会影响切割速度。为了保证工件具有更高的加工精度和表面质量，可以适当调高机床厂家提供的丝速和丝张力参数。

增大工作液的压力与流速，排出蚀除物容易，可提高切割速度，但过高反而会引起电极丝振动，影响切割速度，以可以维持层流为限。

粗加工时广泛采用短脉宽、高峰值电流、正极性加工。精加工时采用极短脉宽（百纳秒级）和单个脉冲能量（几个微焦耳），可显著改善加工表面质量。

此外，应保持稳定的电源电压。电源电压不稳定会造成电极与工件两端不稳定，从而引起击穿放电过程不稳定而影响工件加工质量。

5）控制上部导向器与工件的距离

慢走丝电火花线切割加工时可以采用距离密着加工，即上部导向器与工件的距离尽量靠近（约 0.05～0.10mm），避免因距离较远而使电极丝振幅过大从而影响工件加工质量。

(2) 数控慢走丝线切割机床安全操作规程

1）人身安全

① 手工穿丝时，注意防止电极丝扎手。

② 用后的废电极丝要放在规定的容器内，防止混入电路和运丝系统中，造成电器短路、触电和断丝等事故。

③ 加工之前应安装好机床的防护罩，并尽量消除工件的残余应力，防止切割过程中工件爆裂伤人。

④ 机床附近不得放置易燃、易爆物品，防止因工作液一时供应不足产生的放电火花引起事故。

⑤ 加工开始后，不可将身体的任何部位伸入加工区域，防止触电。

2）设备安全

① 操作者必须熟悉线切割加工工艺，恰当地选取加工参数，按规定顺序操作，防止造成断丝等故障。

② 正式加工工件之前，应确认工件安装位置，防止出现运动干涉或超程等现象。

③ 防止工作液等导电物进入机床的电器部分，一旦因电器短路造成火灾时，应首先切断电源，立即用四氯化碳等合适的灭火器灭火，不准用水灭火。

④ 工作结束后，关掉总电源。

(3) 数控慢走丝线切割机床日常维护及保养

1）日常工作要求

① 充分了解机床的结构性能以及熟练掌握机床的操作技能，遵守操作规程和安全生产制度。

② 在机床的允许规格范围内进行加工，不要超重或超行程工作。

③ 下班后清理工作区域，擦净夹具和附件等。

2）定期保养

① 按机床操作说明书所规定的润滑部位及润滑要求，定时注入规定的滑润油或润滑脂，以保证机构运转灵活。

② 定期检查机床的电气设备是否受潮和安全可靠，并清除尘埃，防止金属物落入，不允许带故障工作。

③ 慢走丝电火花线切割机床一般在加工 50～100h 后就必须检查导电块的磨损情况，考虑变更导电块的位置或予以更换。有脏污时需用洗涤液清洗。必须注意：当变更导电块的位置或者更换导电块时，必须重新校正丝电极的垂直度，以保证加工工件的精度和表面质量。

④ 定期检查导轮的转动是否灵活，不得有卡死现象，否则应更换导轮和轴承。更换后必须检查其径向跳动量。

⑤ 定期检查上、下喷嘴的损伤和脏污程度，有脏物时需用洗涤液清除，有损伤时应及时更换。

⑥ 加工前检查工作液箱中的工作液是否足够，管道和喷嘴是否通畅。当工作液从污液槽向清液槽逆向流动时则需要更换过滤器。

7.4 数控电火花线切割加工实例

7.4.1 加工示例

(1) 数控快走丝电火花线切割加工示例

1）手工编程加工实习

① 实习目的。

a. 掌握简单零件的线切割加工程序的手工编制技能；

b. 熟悉 ISO 代码编程及 3B 格式编程；

c. 熟悉线切割机床的基本操作。

② 实习要求：通过实习，学生能够根据零件的尺寸、精度、工艺等要求，应用 ISO 代码或 3B 格式手工编制出线切割加工程序，并使用线切割机床加工出符合图纸要求的合格零件。

③ 实习设备：DK7725E 型线切割机床。

④ 常用 ISO 编程代码如下所述。

G92 X—Y—：以相对坐标方式设定加工坐标起点。

G27：设定 XY/UV 平面联动方式。

G01 X—Y—（U—V—）：直线插补。

X，Y：表示在 XY 平面中以直线起点为坐标原点的终点坐标。

U，V：表示在 UV 平面中以直线起点为坐标原点的终点坐标。

G02 X- Y- I- J- ：顺圆插补指令。

G03 X- Y- I- J- ：逆圆插补指令。

以上 G02、G03 指令是以圆弧起点为坐标原点，X、Y 表示终点坐标，I、J 表示圆心坐标。

M00：暂停。

M02：程序结束。

⑤ 3B 程序格式。

B X B Y B J G Z

B：分隔符号；X：X 坐标值；Y：Y 坐标值；J：计数长度；G：计数方向；Z：加工指令。

⑥ 加工实例：加工如图 7.14 所示零件外形，其厚度为 5mm，加工步骤如下。

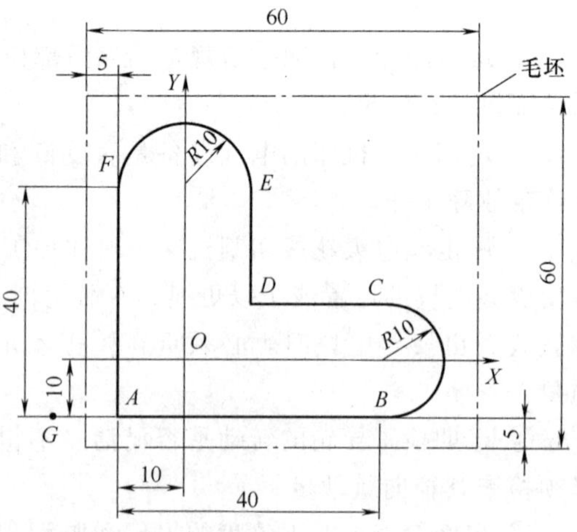

a. 工艺分析：毛坯尺寸为 60mm ×

图 7.14 零件一

60mm，对刀位置必须设在毛坯之外，以图中 G 点坐标（−20，−10）作为起刀点，A 点坐标（−10，−10）作为起割点。为了便于计算，编程时不考虑钼丝半径补偿值。逆时针方向走刀。

b. 手动编制程序：因零件形状较简单，可采用如下 ISO 或 3B 格式手工编制程序，并将程序输入机床控制系统。

ISO 程序：

G92 X-20000 Y-10000	以 O 点为原点建立工件坐标系，起刀点坐标为 (-20, -10)
G01 X10000 Y0	从 G 点走到 A 点，A 点为起割点
G01 X40000 Y0	从 A 点到 B 点
G03 X0 Y20000 I0 J10000	从 B 点到 C 点
G01 X-20000 Y0	从 C 点到 D 点
G01 X0 Y20000	从 D 点到 E 点
G03 X-20000 Y0 I-10000 J0	从 E 点到 F 点
G01 X0 Y-40000	从 F 点到 A 点
G01 X-10000 Y0	从 A 点回到起刀点 G
M00	程序结束

3B 格式程序：

B10000 B0 B10000 GX L1	从 G 点走到 A 点，A 点为起割点
B40000 B0 B40000 GX L1	从 A 点到 B 点
B0 B10000 B20000 GX NR4	从 B 点到 C 点
B20000 B0 B20000 GX L3	从 C 点到 D 点
B0 B20000 B20000 GY L2	从 D 点到 E 点
B10000 B0 B20000 GY NR4	从 E 点到 F 点
B0 B40000 B40000 GY L4	从 F 点到 A 点
B10000 B0 B10000 GX L3	从 A 点回到起刀点 G
D	程序结束

c. 机床准备：开启机床，装好电极丝，加注润滑油、冷却液等。

d. 模拟加工：在控制台上对程序进行模拟加工，以确认程序准确无误。

e. 装夹工件：因毛坯尺寸较小，可采用磁铁将其固定在机床上，找正工件，使之两垂直边分别平行机床 X 轴和 Y 轴。

f. 确定起刀点：根据程序要求，移动坐标工作台，将电极丝定位到图 7.14 中"G"点位置。

g. 选择电加工参数：参考零件尺寸及加工要求，可选择如下电加工参数，电压打至低挡、功放管选择 2 个、脉冲宽度调至第二挡、调节脉冲间隙，使加工电流平均值控制在 2A 左右。

h. 自动加工：开启运丝筒，打开高频和冷却液，用鼠标点击控制界面上的"加工"按钮，即可进行自动加工。

i. 后处理工作：拆下工件、夹具，检查零件尺寸，清理、关闭机床。

2）自动编程加工实习

① 实习目的及要求。

a. 熟悉 CNC-10A 编程系统的绘画功能及图形编辑功能；

b. 熟悉 CNC-10A 编程系统的自动编程功能；

c. 掌握 CNC-10A 控制系统各功能键的使用。

② 实习设备：DK7725E 型线切割机床配 CNC-10A 控制及自动编程系统。

③ 加工实例：加工如图 7.15 所示五角星外形零件，毛坯尺寸为 60mm×60mm×5mm，其加工步骤如下。

a. 工艺分析：对刀位置必须设在毛坯之外，以图中 E 点坐标（−10，−10）作为对刀点，O 点为起割点，逆时针方向走刀。

b. 机床准备：开启机床，开启 CNC-10A 自动编程系统，装好电极丝，加注润滑油、冷却液等。

c. 自动编程：在 CNC-10A 自动编程系统中进行。

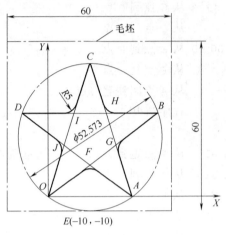

图 7.15　零件二

首先绘出直线 OC：在图形绘制界面上，鼠标左键轻点直线图标，该图标呈深色，然后将光标移至绘图窗内。此时，屏幕下方提示行内的"光标"位置显示光标当前坐标值。将光标移至坐标原点（注：有些误差无妨，稍后可以修改），按下左键不放，移动光标，即可在屏幕上绘出一条直线，在弹出的参数设置窗中可对直线参数作进一步修正，如图 7.16。确认无误后按"Yes"退出，完成 OC 直线的输入。

绘制 CA 直线：光标依次点取屏幕上"编辑"→"旋转"→"线段复制旋转"。屏幕右上角将显示"中心"（提示选取旋转中心），左下角出现工具包，光标从工具包中移出至绘画窗，则马上变成"田"形，将光标移至 C 点上（呈"×"形）轻点左键，选定旋转中心，此时屏幕右上角又出现提示"转体"，将"田"形光标移到 OC 线段上（光标呈手指形），轻点左键，在弹出的参数设置窗中进行参数设置，如图 7.17，确认无误后按"Yes"键退出，将光标放回工具包，完成 CA 直线输入。

绘制 DA 直线：其方法与 CA 直线绘制基本相同，旋转中心点为 A 点，旋转体为 CA 直线，参数设置窗如图 7.18。

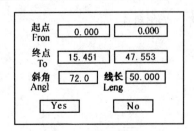

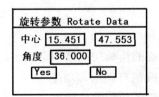

图 7.16　OC 直线参数设置窗　　　图 7.17　CA 直线参数设计窗　　图 7.18　DA 直线参数设计窗

绘制 DB 直线：方法同上。

绘制 OB 直线：光标点取直线图标，将光标移至 B 点，光标呈"×"形，拖动光标至 O 点（呈"×"形），在弹出的直线参数设置窗中对参数进行修正，如图 7.19，按"Yes"键完成直线 OB 的输入。

图形编辑：光标点取修剪图标，图标呈深色，将剪刀形光标依次移至线段 IH、HG、GF、FJ、FI 上，线段呈红色，轻点左键，删除上述五条线段，然后将光标放回工具包。

倒 R5mm 圆角：光标点取圆角图标，将"∠R"形光标分别点取 I、H、G、F、J 点（光标呈"×"形），朝倒圆角处拖出光标，在弹出的参数窗中将 R 值设为 5，按回车键退出。

图形清理：由于屏幕显示的误差，图形上可能会有遗留的痕迹而略有模糊。此时，可用光标选择重画图标（图标变深色），并移入绘画窗，系统重新清理、绘制屏幕。

通过以上操作，即完成了完整图形的输入，然后进行图形存盘。

自动编程：鼠标左键轻点"编程"→"切割编程"，在屏幕左下角出现丝架形光标，将光标移至屏幕上的对刀点，按下左键不放，拖动光标至起割点（注：有些误差无妨，稍后可以修改），在弹出的参数窗中可对起割点、孔位（对刀点）、补偿量等参数进行设置。其中补偿量与钼丝半径大小、走丝方向、切割方式（割孔还是割外形）以及放电间隙有关，要根据具体情况合理设置，如图 7.20。参数设置好后，按"Yes"确认。

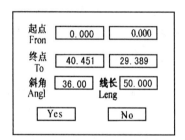

图 7.19　OB 直线参数设计窗

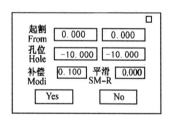

图 7.20　编程参数设计窗

随后屏幕上将出现一路径选择窗，如图 7.21。路径选择窗中的三角形红色指示光标处是起割点，上下或左右线段表示工件图形上起割点处的上下或左右各一线段，分别在窗边用序号代表（C 表示圆弧，L 表示直线，数字表示该线段作出时的序号）。窗中"+"表示放大钮，"－"表示缩小钮，根据需要用光标每点一下就放大或缩小一次。选择路径时，可直接用光标在序号上轻点左键，序号变黑底白字，光标轻点"认可"即完成路径选择。当无法

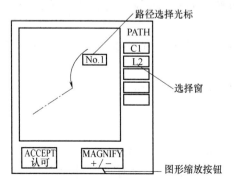

图 7.21　路径选择窗

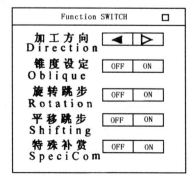

图 7.22　加工开关设定窗

辨别所列的序号表示哪一线段时，可用光标直接指向窗中图形的对应线段上，光标呈手指形，同时出现该线段的序号，轻点左键，它所对应线段的序号自动变黑色。路径选定后光标轻点"认可"，路径选择窗即消失，同时火花沿着所选择的路径方向进行模拟切割，到"OK"结束。如工件图形上有交叉路径，火花自动停在交叉处，屏幕上再次弹出路径选择窗。同前所述，再选择正确的路径直至"OK"。系统自动把没切割到的线段删除，呈一完整的闭合图形。

火花图符走遍全路径后，屏幕右上角出现"加工开关设定窗"，如图 7.22，其中有 5 项选择：加工方向、锥度设定、旋转跳步、平移跳步和特殊补偿。

加工方向：有左右向两个三角形，分别代表逆/顺时针方向，红底黄色三角为系统自动判断方向（特别注意：系统自动判断方向一定要和火花模拟的走向一致，否则得到的程序代码上所加的补偿量正负相反）。若系统自动判断方向与火花模拟切割的方向相反，可用鼠标键重新设定，将光标移到正确的方向位，点一下左键，使之成为红底黄色三角。

因本例无锥度、跳步和特殊补偿，故不需设置。用光标轻点加工参数设定窗右上角的小方块"口"按钮，退出参数窗。屏幕右上角显示红色"丝孔"提示，提示用户可对屏幕中的其他图形再次进行穿孔、切割编程。系统将以跳步的形式对两个以上的图形进行编程。因本例无此要求，可将丝架形光标直接放回屏幕左下角的工具包（用光标轻点工具包图符），完成线切割自动编程。

退出切割编程阶段，系统即把生成的输出图形信息通过后置处理程序编译成 ISO 代码（需要时也可编译成 3B 代码），并在屏幕上用亮白色绘出对应线段。若编码无误，两种绘图的线段应重合（或错开补偿量）。随后屏幕上出现输出菜单，有代码打印、代码显示、代码转换、代码存盘、三维造型和退出。

在此，选择送控制台，将自动生成的程序送到控制台。至此，一个完整的工件编程过程结束，即可进行实际加工。

d. 模拟加工：在控制台上将自动编程系统生成的程序进行模拟加工，以确认程序准确无误。

e. 装夹工件：因毛坯尺寸较小，可采用磁铁将其固定在机床上，找正工件，使之两垂直边分别平行机床 X 轴和 Y 轴。

f. 确定起刀点：根据程序要求，移动坐标工作台，将电极丝定位到图 7.15 中 E 点位置。

g. 选择电加工参数：参考零件尺寸及加工要求，可选择如下电加工参数，电压打至低挡、功放管选择 2 个、脉冲宽度调至第 2 挡、调节脉冲间隙，使加工电流平均值控制在 2A 左右。

h. 自动加工：开启运丝筒，打开高频和冷却液，用鼠标点击控制界面上的"加工"按钮，即可进行自动加工。

i. 后处理工作：拆下工件、夹具，检查零件尺寸，清理、关闭机床。

(2) 数控慢走丝电火花线切割加工示例

1) 零件及加工要求

图 7.23 所示为一精密冲裁模的凸模，其厚度为 30mm，材料采用 SKD11，零件的公差要求为：基本尺寸有一位小数的，公差为 ±0.10mm；基本尺寸有两位小数的，公差为 ±0.02mm；基本尺寸有三位小数的，公差为 ±0.002mm。

2）准备工作

由于该零件精度较高，主要部分采用慢走丝电火花线切割机床加工，零件在线切割之前就进行了精加工，3个相互垂直的面的加工精度控制得较好，且线切割余量少。加工路径见图7.24中的实线部分，图中双点划线为毛坯形状。

3）操作步骤及内容

要达到工件精度要求，必须采用少量、多次切割。加工余量逐次减少，加工精度逐渐提高。从开机到加工结束的具体操作步骤大致如下。

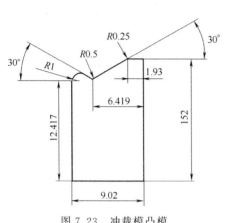

图 7.23　冲裁模凸模

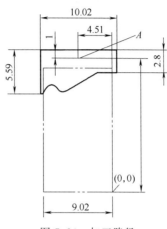

图 7.24　加工路径

① 合上总电源开关，启动数控系统及机床。

② 安装并找正工件。

③ 按机床操作说明书的要求，通过在不同操作模块间的切换，完成生成工件切割的程序、调整电极丝垂直度、将电极丝移至穿丝点等基本操作。

④ 选择合适的加工参数，并在加工过程中将各项参数调到最佳适配状态，使加工稳定，达到质量要求。

⑤ 切割结束后，取下工件。

以上各项步骤，根据机床不同可调整，有的可以省略。

7.4.2　作业实例

(1) 作业实例一

加工如图 7.25 所示零件外形，毛坯尺寸为 90mm×60mm×10mm。要求：

① 采用手工或自动编程；

② 按图纸尺寸要求加工零件外形。

(2) 作业实例二

如图 7.26，已知齿轮的模数 $m=1.25$mm，齿数 $z=28$，齿顶圆直径 $D=37.5$mm，齿根圆直径 $d=31$mm，齿厚 $h=10$mm。齿轮毛坯为 $\phi 50$mm×10mm 圆坯，中间钻有一个 $\phi 10$mm 穿丝孔。要求：

① 采用绘图式自动编程系统，编制出齿形、内孔及键槽的线切割加工程序；

② 为了保证齿形与内孔的同心度，要求齿形、内孔及键槽采用一次装夹，一个程序加工出来；

③ 其他按图纸技术要求。

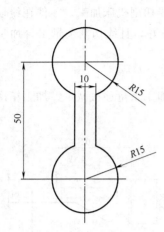

图 7.25　作业实例一

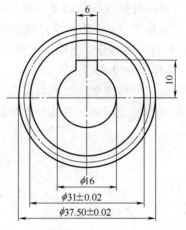

图 7.26　作业实例二

参　考　文　献

［1］　王朝琴，王小荣．数控电火花线切割加工实用技术．北京：化学工业出版社，2020.

［2］　郑晓峰，李庆．数控加工实训．北京：机械工业出版社，2020.

［3］　陈洪涛．数控加工工艺与编程．4 版．北京：高等教育出版社，2021.

［4］　顾京，王骏，王振宇．数控加工程序编制及操作．3 版．北京：高等教育出版社，2021.

［5］　冯文杰．数控加工实训教程．2 版．重庆：重庆大学出版社，2019.

［6］　明兴祖，陈书涵．数控技术．北京：化学工业出版社，2013.

［7］　曹锦江．数控系统综合实践．北京：机械工业出版社，2021.

［8］　张文华，段明忠，刘战术．数控机床与操作．2 版．武汉：华中科技大学出版社，2016.

［9］　房连琨，王洪艳，贾绍勇．数控车床编程与加工实训教程．重庆：重庆大学出版社，2017.

［10］　刘蔡保．数控车床编程与操作．2 版．北京：化学工业出版社，2019.

［11］　王兵．数控车床加工工艺与编程操作．2 版．北京：机械工业出版社，2021.

［12］　徐凯，乔卫红，李智慧．数控铣床编程与加工技术．北京：高等教育出版社，2020.

［13］　曹彦生，陈涛．数控铣削工艺与刀具应用．北京：机械工业出版社，2021.

［14］　宋福林，张加锋．数控车铣加工职业技能实训教程．北京：化学工业出版社，2021.

［15］　刘蔡保．数控铣床（加工中心）编程与操作．2 版．北京：化学工业出版社，2020.

［16］　李玉青．特种加工技术．2 版．北京：机械工业出版社，2021.

［17］　张文华，段明忠，刘战术．数控电火花加工技术．2 版．武汉：华中科技大学出版社，2015.